别致多肉植物空间——
扮靓你所有的个人空间

吴沙沙　陈　潇　陈进燎　主编

化学工业出版社

·北京·

《别致多肉植物空间——扮靓你所有的个人空间》在普及多肉植物知识的基础上，根据肉友们的入行经验值，精选了80余种多肉植物，分别介绍每种植物的识别特征、养护要点和繁殖方法；还整理了多肉植物的栽培养护经验；同时，结合生活实际，详细地介绍了多肉植物在各种场所的不同应用形式，并配以经典应用图片。最后，本书着重介绍了26个创意多肉植物组合，以玻璃器皿、海螺贝壳、木制花器、陶瓷花器、弃物巧用、铁艺花器、饰件饰品、岁月沉淀（老桩）等主题进行分类阐述，并附详细的操作步骤，以便读者参阅。

　　本书文字精练，雅俗共赏，将多肉植物与景观设计及花艺相结合，并附有大量的精品案例图片，适宜作为多肉新手和广大的花卉园艺爱好者参阅使用。

图书在版编目（CIP）数据

别致多肉植物空间——扮靓你所有的个人空间 / 吴沙沙，陈潇，陈进燎主编. —北京：化学工业出版社，2016.7
ISBN 978-7-122-27089-4

Ⅰ．①别… Ⅱ．①吴… ②陈… ③陈… Ⅲ．①多浆植物 - 观赏园艺 Ⅳ．① S682.33

中国版本图书馆 CIP 数据核字（2016）第 106019 号

责任编辑：尤彩霞
责任校对：边　涛　　　　　　　　装帧设计：霸州市顺浩图文科技发展有限公司

出版发行：化学工业出版社（北京市东城区青年湖南街 13 号　邮政编码 100011）
印　　装：北京彩云龙印刷有限公司
787mm×1092mm　1/16　印张 8$\frac{1}{2}$　字数 165 千字　2016 年 8 月北京第 1 版第 1 次印刷

购书咨询：010-64518888（传真：010-64519686）　售后服务：010-64518899
网　　址：http://www.cip.com.cn
凡购买本书，如有缺损质量问题，本社销售中心负责调换。

定　　价：39.80 元

前　言

　　情人泪·爱之蔓，掌中玉·指间花，瓣常伴·丝缠思；如诗、如画、如情，眉间心上。

　　认识多肉已经有多年了，第一次相遇便觉得它们是一群十分有趣的生命体，而真正吸引并让我为之着迷的不仅仅是它们那俏皮可爱的外表，还有它们有别于其他"柔弱"花儿的丰腴憨厚、壮实和坚韧。初时，福州本地还找不到一家专门销售多肉植物的商铺，我对多肉的追寻和了解只能通过论坛和国内、外网站，同时四处寻觅结识各地的肉友们。接触越多才越发觉得多肉的世界是如此浩瀚无边，就如同在寻觅淘不尽的瑰宝一般，每获得一个新的品种，都能欣喜若狂地盯上好几天。而如今的我就像一名初入行的"收藏家"一样，一步一个脚印地行走在多肉收集之旅中。

　　人们常说"忙于事业的人，被理想叫醒"，而恋上多肉的我，则被思恋叫醒。喜欢、照顾、陪伴多肉是一件很快乐的事，日升月落，春华秋艳，细心观察、感受它们对四季变化的回应，我觉这是我与多肉之间的畅谈。从"如花似玉"的拟石莲、"萌动可爱"的番杏，到"晶莹剔透"的十二卷，再到"古朴苍劲"的块根类肉肉们；多肉家族的兄弟姐妹很多，性情也相异，甚至迥然不同；开始我总是小心翼翼地揣度它们对环境的适应，而结局却总是令人失望，但这并没有阻止我对它们的热情。越挫越勇，屡败屡战……终于迎来了那么一天：在我的注视下，它们享受着阳光，绽放微笑，是如此憨态可掬。于是我明白了，我与肉肉们交上了心。

　　与多肉交流的这些年里，多肉文化早已深埋我心，我也立志成为一名多肉文化的传播者。我拜访了多位国内各地的多肉大仙，也结识了许多肉友并与他们一起举办多肉展销会、多肉沙龙、多肉讲坛等活动，不仅在室内、阳台、露台、温室大棚等不同环境中尝试多肉的适应变化，也进行多肉组织培养的生物技术探索。而我的合作编写的伙伴们更踏足多肉祖地——美国与墨西哥等地，进行了一趟多肉寻根之行。书中总结了多肉养护中的基本原理和要点，也为读者展示了众多在多肉之乡游历过程中的所见所闻。街头、路旁、餐厅，随处可见的巨型多肉，充满了多肉的原始野性，让我们见识到了生活在多肉祖地的人们对多肉造景应用的极致及与众不同的设计视角。

　　《别致多肉植物空间——扮靓你所有的个人空间》的完成过程中，得到了许多朋友的建议和帮助，谨致谢忱。其中特别感谢多肉军、佳年园艺、慢多肉生活馆，以及肉友林楹、小岛向北、糊糊和和、雪媚如花、@林－式、铭花人、睡仙、郭少兰、陈文姬、王欢欢、吴锦娣、谢宝源、王娟、卢明、多肉匠、若言、老李、王彩凤、李淑娴、朱轶臻、张林瀛、苏智凡、福建农林大学彭东辉老师、陈凌艳老师、陈兰老师为此书提供的照片素材和支持帮助。

陈潇

2016 年 6 月

目录 contents

三、多肉植物的选择 29

别致多肉空间

一、

认识多肉植物

1. 萌物肉肉

▲ 萌物最搭萌物

自 2009 年以来，多肉多浆植物之所以能"红"出一片天，正是因为国内引进了无数国外多肉品种，其中大多以日韩国家精养的小盆栽多肉为主，不仅颜色艳丽，而且体态小巧可爱，叶片大多肥而饱满，植株矮胖圆滚，造型独特乖巧。与常见绿植有很大的不同，一下吸引了许多 80 后、90 后年轻一代的眼球，并备受追捧。所以多肉的流行可直接说是"萌"出来的！

▲ 果冻色的新宠——'香水百合'

▲ 出状态的熊童子有了可爱的红指甲

熊童子： 最萌多肉前三名之一非它莫属啦～～也常称它为"熊爪"，随着季节的变化，熊手掌的形状也会随之变化，从长椭圆到半圆球状；冬季或早晚温差大的时候，叶尖的"熊爪子"会变红，配上肥厚叶片上的短绒毛，像极了小熊仔肉乎乎的小手掌，真真萌翻一片人呀！熊童子还有两个相对少见的锦化变种：黄锦和白锦，锦化的部分在出状态的时候会变成粉红色哦～～

生石花：

生石花，俗称石头花、屁股。与名字一样，样子极像了小石头，原生于开阔的石砾地带，为了避免被鸟兽等啄食，练就了一身特殊的本领，将自己伪装成一颗小石头，从而躲过了天敌得以生存繁衍。当然也有很多圆润的生石花极像小孩儿屁股，其萌萌的外表得到众多女性爱好者的青睐。生石花的生长过程十分有趣，春季开始由中间的"屁股缝"慢慢张开、开裂至完全蜕去旧的"屁股皮"，新的"屁股"就从其中生长出来，整个过程称为"蜕皮"，一般会持续2~3个月。生石花品系庞大，大多以顶面的"窗"的花纹差异来区分品种，许多人也因此有了收集品种的欲望。生石花的杂交、选育、播种等过程也都是非常有趣的。

▲藏在石缝间的小·屁股——生石花

 透明系多肉（软叶十二）

百合科十二卷属中软叶十二：玉露、寿、玉扇、万象等。此类多肉最直观的特点就是它们拥有着如玉般晶莹剔透的叶片，而且叶片顶端常常是如水晶一样透明清亮，我们称之为"窗"。软叶十二的价值主要体现在园艺变种和对杂交种的优选上。不同品种，叶面或叶背上的"窗"面积、光泽度和纹路都有所差异，纹路奇特或窗面大而透亮的品种属于稀有品种，加之十二卷属多肉生长较慢，价格更是不菲，多数品种成株的价格从几百至几千元不等。软叶十二在原产地主要生长于灌木下荫蔽处，因此，它们不适合长时间曝露在直射光下，而是适合生长于散射光充足的环境中，这与其它多肉对长日照的需求有极大的不同，因此在栽培方式迥异的角度上，也常常把十二卷属类的多肉与其它多肉划分成两大类。

▲樱水晶

▲晶莹剔透的玉露

▲锦化变异的玉露

▲寿中名品——'克里克特'

③. 有"体味"的多肉

在植物界中能散发出气味的植物并不算少见，主要以木香和花香为主。而在多肉的大家族中，能发出气味的多肉可不多哦。其中不少品种还需要在一定程度的刺激下才会促进气味的分泌，所以常常会被忽略。如碰碰香，在被触碰之后，所发出的香气会更加浓烈，甚至有一定刺激性；凝脂莲、红霜、白霜在正常光照下就能闻出一股甜甜的香气；而冰莓、蓝豆、子持白莲、春萌、达摩福娘这些品种要在相对高的光强和长时间光照下才能散发出香气；另外，如熊童子、紫羊绒在光照下所散发的味道是相对臭的，花友们常常形容成像臭脚丫子或臭鸡蛋的味道。是不是很有趣呢，大家一起来寻找更多香气多肉吧～～

▲ 白霜

▲ 碰碰香

▲ 凝脂莲

4. 形态奇特的多肉

在多肉植物众多科属中，都不乏有其独具代表的品种，这些品种大多因形态特殊、靓丽瞩目而受到大众的关注。造型可爱的肉锥花属、水晶表皮包裹的"小兔子"——枝干番杏、"永不凋谢的绿玫瑰"——山地玫瑰、"肿瘤类"多肉——狂野男爵等。除了品种本身的生长形态独特之外，很多多肉还会在生长过程中出现基因突变，如"锦化"、"缀化"等现象，更是锦上添花地给肉肉们增加了许多趣味性。

▲ 枝干番杏的水晶表皮

▲山地玫瑰

▲出现缀化后扇状生长的灿烂

▲霓虹灯般的马哈尼

▲善于隐藏在乱石中的帝玉

▲多肉界最丑男子——狂野男爵

山地玫瑰：

    景天科莲花掌属最具代表性品种之一。在原产地，山地玫瑰生长在山地石缝中，因休眠期叶片层层包裹呈玫瑰花状而得名，是目前莲花掌属中因生长期不同而开合特点最为明显的品种。成年的山地玫瑰会在春末至初夏时期开花，花序总状，高耸庞大，花后母株必然会枯萎死亡，就像是在怒放最后的生命。花后母株基部会长出很多小侧芽，慢慢长大形成群生，并准备进入休眠度夏。值得注意的是，山地玫瑰是相对怕热的品种，特别是南方地区夏季高温潮湿，一定要遮阴防晒并保持通风，必要时可用小风扇进行降温。"永不凋谢的绿玫瑰"代表着永恒的爱与美，也许当我们静静地凝望它时，幸福也将随之而来～～

⑤ 块根多肉类

　　块根类多肉植物，其科属划分的跨度也很大，主要分为冬型种和夏型种。块根植物枝叶部分在生长期时叶片的生长速度并不缓慢，但块根的生长是非常缓慢的，大多数块根植物从播种到开花至少3年以上，而块根也只能长到2~3cm，甚至更小。多年生的块根植物，可以将其膨大的块根移植到土面上生长，形态奇特、色泽古朴，极具观赏性，与生长较快、颜色鲜嫩的幼枝相衬，给人一种"枯木逢春"的趣味感，具有极高的盆景观赏价值。

▲露子花罕见块根

▲奇峰锦属万物想

▲天竺葵属羽叶洋葵

▲奇峰锦属白象

二、

多肉扮靓的空间

多肉植物除了它们呆萌可爱的外表外，大部分种和品种还具有管理粗放、品种繁多、繁殖容易、抗性强不易出现病虫害等优点，使得它们越来越多地融入到我们的生活中。从初爱肉肉花友的阳台、案头小植，到疯狂肉友们的广罗收集；从日常家居、庭院、露台的摆放装点、陶冶情操，到办公室、酒店、图书馆、街道等公共空间里它们美好身影的显现，再到专类园中肉肉们汇聚的"世界"，肉肉们赢得了越来越多的芳心和爱慕。

1. 宜家宜室的肉肉——公寓里的肉肉

玄关:

◀体量相对较大的老桩配上艺术感强的盆器摆放于玄关，感受多肉带来的恒久美感

▲进门，鞋柜上形态各异、色彩明艳的肉肉们迎面而来，可爱有一些，小资有一些，更多的是瞬间内心的宁静和满足

客厅：

◀ 客厅角落里竖线条的亚龙木，为室内带来了一抹绿色，一抹生机盎然

▲ 客厅落地窗前茶桌上、花篮里的肉肉们是大自然的触手，抚慰您的心灵

▲ 可爱的容器配上艳丽的虹之玉，置于客厅的茶几上，让坐在沙发上的你会忍不住多瞟几眼

电视墙上的玻璃架为肉肉、绿植和小小工艺品们提供了展示它们的小舞台 ▶

餐厅：

▲今天的午餐是餐桌上的肉肉和"南瓜"吗？

卧室：

▲景天科的肉肉具有夜晚释放氧气的功能，放在卧室中是极好的选择

▲卧室床头柜上肉肉在随着岁月静静地生长

书房：

▲ 书架或博古架也可成为肉肉们的天下，同样充满了文人气息和书卷气

▲ 暖暖日光照着书桌上的肉肉们，让你享受现世安稳，岁月静好

阳台：

▲ 肉肉说"我们的存在是为了让主人可以自豪地说'我有一个种满了肉肉的阳台'"

▲ 与肉肉们一起眺望远处的青青山峦与悠悠白云

窗台：

▲肉肉的自白"我不需要多大的世界，只要给我阳光，我就
会灿烂给你看"

▶

▲肉肉说："我不说，其实我更喜欢窗外的斜风细雨"

飘窗：

▲ 肉肉说 "我们的存在和飘窗有着同样的意义——营造浪漫，有没有？"

洗漱间：

◀ 肉肉说 "为了陪伴主人洗漱我可以待在灯光明亮的洗漱间，但是我更向往暖暖的日光照在身上的感觉"

② 庭院深深多肉汇——肉肉庭院

庭院入口：

▲肉肉们低调地迎接客人来访

▲肉肉们高调大方地说"欢迎来到我们的家"

庭院内：

▲肉肉说"看似粗犷张扬的我们，细看之下也有婉约细腻的一面"

▲肉肉的世界也有"苔痕上阶绿，草色入帘青"

▲金琥说"我们真的是为了美化生活，不是为了防坏人"

房间入口：

▲或单独、或群列，各有各的美好

▲暖暖温馨，温婉细腻

楼梯和墙壁：

▲肉肉家族中悬垂类的兄弟姐妹最
喜欢楼梯等垂吊空间

▲肉肉的生长使得斑驳粗糙的石墙具有生命的活力

露台：

▲一盏清茶，几位密友，置身多肉的露台，嫣笑倾谈

▲或清新或怀旧的肉肉露台一角

▲肉肉们也可以"入画"来

3. 爱读书、办公的肉肉——图书馆、办公室里的肉肉们

图书馆：

▲肉肉盆栽占领了图书馆入口的前台，过往的学生会驻足观赏

▲阅读区玻璃墙前的多肉墙

办公室：

▲办公桌上的肉肉，养眼又养心

▲狭小·办公隔断中因为肉肉们的存在而豁然开朗

茶水间：

▲茶水间里的肉肉与你共度下午茶时光

▲与茶水甜点相比，肉肉们更是茶水间里的主角

4. 旅行中的肉肉——酒店、餐厅等

前台：

▲拥有可爱肉肉的前台使得工作人员和客人的心情和态度都变好了

客房：

▲多肉老桩总是会自成一景

露天餐馆：

▲多肉主题餐馆，所有的颜色都显得那么大胆明艳

咖啡厅：

▲咖啡的香气配着多肉礼盒在旁，更显小资情调

酒店洗手间：

▲随意置之，悠然自得

5. 抛头露面的肉肉们——街道上的肉肉芳影

街道地栽：

▲明艳的阳光下肉肉们成为道路绿化的主角，耐旱、节水、低养护

街角一隅：

▲看似闲置，实则精心

街心广场：

▲蓝蓝的天空下，肉肉花坛里懒懒地开出花

6. 肉肉小世界——多肉专类园

公园：

▲美国图森植物园里的肉肉们

▲上海辰山植物园沙生植物馆

▲厦门万石植物园

三、

多肉植物的选择

　　肉肉如人，本无高低贵贱之分，只因肉友喜爱程度的差别，肉肉本身繁殖的难易程度、生长速度、养护难易的不同，使得肉肉的市场价格呈现出巨大的差异。本着不歧视、公平对待的态度，将肉肉们根据它们的价格、养护要求由易到难分为 3 类供新手、晋级肉友和养肉高手进行选择。当然，最重要的还是根据自己的喜好和偏爱进行选择，但是切记一定要认真对待每一个肉肉，因为它们是拥有生命的萌物。

1. 新手的优选

鹿角海棠 *Astridia velutina*

科属：番杏科鹿角海棠属

形态特征：可长为灌木状，多分枝匍匐状。肉质叶片三棱状，具三条棱，无柄；叶粉绿色，交互对生，每对叶片基部合生，似一个个绿"元宝"。

养护要点：耐寒、忌寒冷和高温。喜温暖干燥和阳光充足环境。喜肥沃、透气良好的土壤。夏季遮挡遮阴控水。

繁殖方法：枝插、播种。

Tips：适应性很强的品种，适合露养，可以保持株型紧凑；盆土透气时，能耐连续降雨气候。

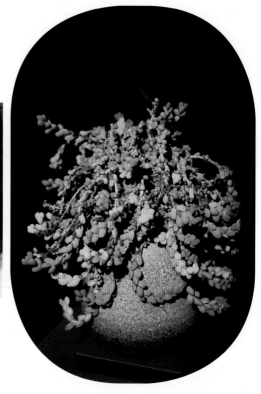

五十铃玉 *Fenestraria aurantiaca*

科属：番杏科棒叶花属

形态特征：植株由多枚棒状叶片密生成丛。叶色淡绿，下端细瘦，稍带红色，顶端增粗，有凸起的透明"窗"。花菊花形，橙黄色。

养护要点：喜温暖、干燥、阳光充足的环境，耐干旱。阳光充足处肉质叶近垂直生长，但光线不足时会横卧且稀松。夏季控水，避免叶心积水和强光直射。代谢掉的老叶让其自然吸收，避免强扯。

繁殖方法：分株、播种繁殖。

Tips：需要多注意控水，避免徒长；保持株型紧凑，叶顶端的透明"窗"也会变大；花期时，黄色花会随着每日光强大小而绽放闭合。

爱元蔓 *Ceropegia woodii*

科属：萝藦科吊灯花属

形态特征：茎具蔓性，可匍匐或悬垂，长可达2m；叶心形，对生，叶面具灰色网状花纹，叶背紫红色。

养护要点：性喜散射光，忌强光直射，保持通风，春秋生长季可适当增加浇水次数。

繁殖方法：枝插为主，也可采用压条、零余子和播种繁殖。

Tips：

1）枝插和压条的区别在于，枝插是先将枝条剪下栽培，诱导生根形成新的植株；压条是将未脱离母体的枝条茎节处埋在土壤中，生根后再剪断形成独立的新植株。

2）枝呈蔓状，每一段枝节处都容易分化出不定根；将枝节点埋于潮土中，能很快膨大形成块根，给水较多时，块根生长迅速。

翡翠珠 *Senecio rowleyanus*

科属：菊科千里光属

形态特征：茎绿色，细长匍匐或下垂，节处接触土壤会长出根系；叶肉质浑圆，顶端具微尖的凸起，叶色深绿或淡绿，具一条深绿色纵条纹，是其"窗"，便于光线透入叶片内部；花期秋季，头状花序白色略带淡紫。

养护要点：每2~3年换盆更换新的营养土，否则板结的基质会使植株老化，造成老叶干瘪脱落。喜通风散射光充足的环境，忌积水，否则根系容易腐烂。

繁殖方法：枝插、压条。

Tips：对水分需求稍大，盆土比例可以相对提高保水性；根部缺水时，茎叶端容易长出不定根，吸收空气水分。

黄花新月 *Othonna capensis*

科属：菊科厚敦菊属

形态特征：蔓性草本，茎枝纤细可匍匐或悬垂。叶长梭状，略弯曲，先端具尖凸；基部簇生，茎上互生。在光照充足的情况下茎、叶会由绿变为紫红色。秋季至春季开出黄色小花。

养护要点：喜阳光充足、温暖、干燥的生活环境。炎夏避免烈日直射，适当控水，每2~3年换盆一次，促进植株更新。营养不足时老叶枯萎。

繁殖方法：枝插繁殖。

Tips：缺水时，叶子容易皱缩，浇水后能很快吸水变回饱满的样子，呈月牙形；适应性较强，给水多会长的很快。

蓝松 *Senecio serpens*

科属：菊科千里光属

形态特征：小型贴地生长，基部多分枝，茎具匍匐性；肉质叶片狭长条状，中心具凹槽，蓝绿色被白霜，强光照射及温差大时，会变为紫色。夏季茎顶开黄花小花。

养护要点：选用透气性强、排水良好的基质。

繁殖方法：叶插、枝插、分株和播种。

Tips：生长速度较慢，不容易长老桩；叶子上有条状的窗，粉厚时更显蓝色。

红缘莲花掌 *Aeonium haworthii*

科属：景天科莲花掌属

形态特征：肉质亚灌木，易群生，茎秆粗壮，叶片匙形，集生于茎顶成莲座状，先端具尖尾，叶色青绿色至青黄色，叶缘红色，有睫毛状纤毛。叶表微被白霜，具光泽。

养护要点：性强健，对环境适应性强，忌积水，注意通风和炎夏适当遮荫。

繁殖方法：枝插（砍头）繁殖。

Tips：相对于其他同属品种，叶片较厚；光照不足时，叶缘的红边暗淡不明显，红边会随着光照增加而变得更加艳丽。

小人祭 *Aeonium sedifolius*

科属：景天科莲花掌属

形态特征：株型娇小，多分枝；叶细小卵状，在枝顶排列成莲花状，叶表具少量黏性柔毛，绿色叶片中间带紫红条纹，叶缘红色，充分光照及温差大时叶片颜色会变为橘色，紫红色条纹和叶缘红色也愈发明显；花期春季，总状花序，黄色小花覆盖植株表面。

养护要点：生长相对较快，易成老桩，夏季休眠叶片会包拢起来，适当遮阴并控水。

繁殖方法：枝插（砍头）。

Tips：夏季高温时，容易进入深度休眠，叶片闭合包裹起来，会分泌出少量黏液，枝干如枯死一般；度夏后，叶子会重新张开，黏液减少。

火祭 *Crassula capitella* 'Campfire'

科属：景天科青锁龙属

形态特征：丛生，具匍匐性；长圆形至线状披针形肉质叶交互对生，排列紧密，使植株呈规整的四棱状。春秋季温差大及日照充足时叶片会由绿转红，呈现火焰般的艳红色。

养护要点：夏季高温期间适当遮阴、严格控水可避免徒长。

繁殖方法：枝插（砍头）、分株。

Tips：适应性强，适合露养；生长迅速，可少土少肥，控制株型。

筒叶花月 *Crassula oblique 'Gollum'*

科属：景天科青锁龙属

形态特征：多分枝灌木状，老桩茎明显，黄褐色或灰褐色。叶互生或集生茎顶，肉质叶筒状，顶端呈斜截形，截面凹陷；叶色鲜绿，有蜡状光泽，顶端微黄，温差大时截面边缘呈红色。

养护要点：喜阳光充足的环境，不耐寒；春秋生长季相对喜水，盛夏高温季节注意通风、适当控水、避免强光直射。

繁殖方法：叶插、老桩枝插（砍头）、压条、分株。

Tips：叶形奇特，似动画片中怪物史莱克的耳朵，浇水时尽量避免叶内积水，容易长成老桩的品种。

钱串景天 *Crassula perforata*

科属：景天科青锁龙属

形态特征：可长为亚灌术状，具少量分枝，叶片卵圆状三角形，无叶柄，叶基连在一起，茎贯穿叶片如同钱串；幼叶在枝顶紧密叠生，老叶之间可见稍微延长的节间。叶缘的红色在温差大及光照适宜的条件下会加深。

养护要点：春秋季为其生长季，给予充足光照以维持紧凑株型；夏季高温季节适当遮阴控水，防止根系腐烂。

繁殖方法：枝插为主，也可叶插。

Tips：长期处于阳光直射下，容易导致植株底部叶子干枯，可遮阳10%~20% 生长株型最佳。

黑王子 *Echeveia* 'Black Prince'

科属：景天科风车草属

形态特征：叶片匙形，顶端有小尖，紧凑的排列在短缩的茎上；叶色紫黑，在光照不足或旺盛生长时叶片基部呈现绿色。

养护要点：夏季高温及冬季低温时控水，增强通风，防止根系腐烂和蚧壳虫病的发生。

繁殖方法：枝插（砍头）、叶插、播种。

Tips：浇水周期长或缺水时，颜色就变得越黑。

吉娃娃 *Echeveria chihuahuaensis*

科属：景天科拟石莲花属

形态特征：株型小巧可爱，叶片呈略包拢的莲座状，叶片顶端具细长硬尖，叶尖及叶缘在光照充足且昼夜温差大时呈现红色。

养护要点：喜干燥阳光充足，浇水时避免叶面和叶心积水，夏季高温适当遮阴节水。

繁殖方法：叶插为主，由于植株矮小，少用枝插，亦可播种繁殖。

Tips：降低基质中的肥力，容易出状态；夏季高温时，低肥栽培更容易度夏。

蓝石莲 *Echeveria glauca* 'Gigantea'

科属：景天科拟石莲花属

形态特征：具有粗壮短缩的茎，叶片在茎上紧密排列呈莲座状；叶片倒水滴形，有轻微褶皱，叶片中间凹陷延伸至基部，具明显叶尖；叶色蓝绿至银灰色，表面微被白霜，叶缘红色。

养护要点：浇水、施肥时避开叶片，以免冲掉叶表白霜，留下痕迹。喜阳光充足，炎夏烈日时适当遮阴即可，光照不足时易徒长，影响莲座状外观。

繁殖方法：砍头后侧芽繁殖，亦可叶插和播种。

Tips：光照充足，有利于积累叶片上的白粉量，更显蓝色；温差较大时，叶缘的红边会越发明显。

紫珍珠 *Echeveria* 'Perle von Nürnberg'

科属：景天科拟石莲花属，由粉叶莲（*E. gibbiflora* 'Metallica'）和星影（*E. elegans* 'Potosina'）杂交而来。

形态特征：叶倒水滴形，先端具明显凸尖；叶片螺旋排列呈莲座状。叶色通常灰绿色至深绿色，在光照充足且有温差大的环境下叶片变为粉紫至深紫色。夏末秋初从叶片中长出花茎，绽放出略带紫色的橘色花朵。

养护要点：喜凉爽、干燥、通风良好环境，炎夏适当遮阴、控水。

繁殖方法：叶插、枝插（砍头）。

Tips：一般情况下叶片呈整体紫色，其实适当控水后，能出现明显的白色叶缘。

锦晃星 *Echeveria pulvinata*

科属：景天科拟石莲花属

形态特征：可长为小灌木状，叶匙形，全缘，基部楔形，先端椭圆，具小尖凸，叶表布满了细短的白色毫毛，叶色灰绿，叶缘红色；叶在枝顶轮状互生。在阳光充足和温差大的环境下叶缘红色加深，叶片呈现出黄绿色。花期晚秋至初春，穗状花序，小花鲜红色5瓣，钟形，半开状。

养护要点：习性强健，喜凉爽、干燥和阳光充足的环境。春秋生长期不宜浇水过多，否则易徒长，造成植株松散，降低观赏价值。

繁殖方法：叶插、枝插（砍头）都十分容易。

Tips：叶片上长有比较柔顺的白毛，光照充足环境下，枝干上也会长有褐色毛比较刚硬，能有效提高抗逆性。

大和锦 *Echeveia purpsorum*

科属：景天科石莲花属

形态特征：叶三角状卵形，叶背鼓起呈龙骨状，先端急尖；叶互生排列紧密，呈莲座状；叶灰绿色具红褐色斑点，光照充足和昼夜温差大时，叶缘及叶面上红褐色斑点变得更加明显。生长速度缓慢，不易形成老桩。

养护要点：尤喜阳光充足、通风良好的环境，对水分需求量少，喜疏松排水良好基质。

繁殖方法：叶插为主，但长成成株十分缓慢。

Tips：叶片肥厚，消耗较慢，少见枯叶现象，就显得生长缓慢。

鲁氏石莲 *Echeveria runyonii*

科属：景天科拟石莲花属

形态特征：原产墨西哥，叶匙形，呈蓝粉至白霜色，叶缘无红色，新叶表面被白霜。植株生长迅速，易形成老桩。

养护要点：为保证株型结实美观，需给予充足光照；浇水不宜过多，夏、冬季节尤其要注意控制浇水次数，避免将水浇到叶片上。

繁殖方法：叶插、枝插或播种。

Tips：正常情况或种植土壤偏酸时，呈蓝灰色；土壤偏碱，将呈现偏黄色的状态。

玉蝶 *Echeveria secunda* var. *glauca*

科属：景天科拟石莲花属

形态特征：中小型种，易从基部萌生匍匐茎，易形成老桩、萌生侧芽。叶短匙型，先端具小尖，叶表被白霜；紧密排列在短缩的茎上，呈莲花状。

养护要点：习性强健，对环境要求不太严格，喜干燥忌阴湿，不耐寒，要求通风良好。

繁殖方法：春季分株、枝插（砍头）或叶插。

Tips：容易群生的品种，生长季时养护很随意；夏季高温需要一定降温措施，老桩茎干容易黑腐。

胧月 *Graptoreria paraguayense*

科属：景天科风车草属

形态特征：丛生易分枝，叶片通常基生茎顶呈莲花状，茎下部叶片常脱落。叶无柄，阳光充足时呈淡粉红色或淡紫色。

养护要点：适应能力强，极易养护，生长速度较快，宜选用相对较大的盆器栽种。

繁殖方法：枝插、叶插。

Tips：

1）盆器的选择很重要，老桩的胧月易给人粗野之感，需选要雅致的盆器来收拢和衬托。

2）南方地区有许多野生胧月；可以食用的品种，单独食用没有什么味道，台湾地区常以胧月榨汁作为一种饮品。

姬胧月 *Graptopetalum paraguayense 'Bronze'*

科属：景天科风车草属为胧月的杂交品种

形态特征：叶片较胧月的叶片狭窄，呈瓜子型，在茎上排列为延长的莲座状；叶色朱红带褐色，光照充足时新叶变为紫红色。

养护要点：春秋为其生长季，需要充足的光照以避免徒长；夏季高温期间适当遮阴，控水，避免叶心积水。

繁殖方法：极易叶插，也可枝插。

Tips：继承了胧月皮实的基因，也十分适合露养，露养的状态会更艳丽，但夏天需要注意遮阳降温。

江户紫 *Kalanchoe marmorata*

科属：景天科伽蓝菜属

形态特征：可长为灌木状，茎粗壮直立生长，常在基部分枝。叶片倒卵形或近圆形，交互对生。叶表微被白霜，叶缘有圆钝锯齿，绿色叶片具有紫色细碎横纹或锦斑。春季开花，花序自茎顶伸出。

养护要点：冬春季节是其最美的季节，温差大及光照充足的环境使其叶色的紫红色更加明显。

繁殖方法：枝插（砍头）为主，也可叶插。

Tips：水肥过多时，生长非常快速，但叶片薄而长，颜色暗淡；相对干燥的养殖环境可以使叶片上的斑纹艳丽起来。

唐印 *Kalanchoe thyrsiflora*

科属：景天科伽蓝菜属

形态特征：可长为相对大型的多肉，叶片广卵形，全缘；叶色淡绿，被厚厚的白霜，呈灰绿色，叶缘红色，在温差大且阳光充足的条件下，叶片会由外向内逐渐变为鲜艳的红色。

养护要点：喜阳光充足，春秋两季为生长季，炎热夏季生长缓慢，要准备相对较大的生长空间。浇水、施肥要避开叶片，以免影响叶片观赏效果。花后母株会枯萎，需及时清除枯萎植株。

繁殖方法：芽插、叶插或用带有叶片的茎段扦插繁殖。

Tips：叶片上的白粉可以有效地抵挡太阳暴晒；因为体型较大，夏季时常为绿色，像棵白菜。

月兔耳 *Kalanchoe tomentosa*

科属：景天科伽蓝菜属

形态特征：叶长梭形，表面密布短白绒毛；新叶叶缘上部具有褐色凸起，光照不充足时，随着生长，叶尖褐色凸起逐渐消失，仅剩一个褐色尖端或完全消失。

养护要点：基质见干见湿和春秋季充足光照利于叶片短缩饱满，炎夏烈日适当遮阴、控水，植株生长缓慢和叶片变薄属于正常现象。

繁殖方法：春秋季枝插和叶插，注意控水，防止腐烂。

Tips：水肥供应充足时，兔耳能保持耸立，但叶毛显得少而稀疏；干燥的环境，叶毛容易长得浓密；缺水时，叶片容易耷拉下来。

子持莲华 *Orostachys boehmeri*

科属：景天科瓦松属

形态特征：叶片短匙形至宽卵圆形，多数聚生成莲座状，叶色嫩绿至蓝绿色。生长季从植株基部抽生多数走茎长出侧芽。最佳观赏季在冬季休眠期间，叶片收拢在一起呈含苞待放的玫瑰花蕾状。

养护要点：耐寒冷潮湿。夏季高温休眠期间严格控水、避免暴晒。生长季给予充足散射光，防止徒长和叶色嫩绿。

繁殖方法：以走茎长出的侧芽扦插繁殖为主。

Tips：温度较高时，反而生长旺盛，容易爆盆；冬季休眠后叶片闭合，开春时，主头会开花后死亡，侧芽继续生长。

瓦松　*Orostachys japonicus*

科属：景天科瓦松属

形态特征：单生或丛生，叶狭披针形，顶端具硬尖，绿色或灰绿色；叶基生，螺旋状排列。圆锥花序自植株基部抽出，小花白色。

养护要点：性强健，我国多地有其野生种；给予充足阳光避免徒长导致株型散乱。

繁殖方法：叶插、分株、播种。

Tips：夏季生长旺盛，耐高温，叶片也会十分肥厚，披针形；冬季休眠明显，叶片变得很薄紧凑，整体包裹起来，原本肥厚的叶子会干枯；春天主头开花后死亡，成芽继续生长。

东美人　*Pachyveria pachyphytoides*

科属：景天科厚叶草属

形态特征：易分枝，养成老桩。叶狭倒卵形，先端具明显叶尖，叶背鼓起有龙骨，叶面微被白霜；叶互生排列成莲座状。叶色灰绿泛白，光照充足时呈粉红至粉紫色。

养护要点：喜温暖干燥和阳光充足的环境，炎夏注意通风和适当遮阴。越冬温度不低于0℃。

繁殖方法：枝插、叶插。

Tips：南方地区容易见到的野生种，露养下常为灰色，盆栽可以养出偏黄的"果冻色"。

大姬星美人 *Sedum anglicum*

科属：景天科景天属

形态特征：茎多分枝，肉质叶倒卵圆形互生，在枝顶集生呈类似玫瑰花的状态，叶表面光滑无毛。

养护要点：较耐寒，怕水湿，养护容易，春秋生长季给予全光照可防止植株徒长、节间过长造成的株型散乱。

繁殖方法：枝插、分株为主，亦可播种、叶插繁殖。

Tips：

1）在水肥充沛的环境下生长，叶片才能饱满；夏季高温时，需要避免直晒，否则容易干枯。

2）常见品种小姬星美人比大姬星美人体量小，叶片表面具毛；还有旋叶姬星美人。

▲大姬星美人

▲小姬星美人

▲旋叶姬星美人

新玉缀 *Sedum burrito*

科属：景天科景天属

形态特征：茎下垂匍匐状；肉质叶卵圆形，先端圆形，叶表微被白霜。

养护要点：避免将水浇到叶片上降低叶片的观赏价值，因叶片容易脱落，尽量避免碰触茎叶。充足散射光，适当控水可使株型紧凑，防止叶片脱落。

繁殖方法：叶插、枝插。

Tips：容易向上生长而伏倒下垂，常为嫩绿色，土质偏碱时叶色会变淡黄。

玉缀 *Sedum morganianum*

科属：景天科景天属

形态特征：常绿丛生灌木，茎下垂呈葡匐状，叶肉质呈纺锤状，先端细长微尖，叶色淡绿青翠，在茎上紧密排列。

养护要点：适应性强，盆栽悬挂，避免炎夏烈日暴晒，充足散射光有利于其生长。

繁殖方法：叶插、枝插。

Tips：容易下垂生长，与千佛手很相似，叶片相较短些，叶表面有明显白粉覆盖来区分两者。

黄丽 *Sedum* 'Golden Glow'

科属：景天科景天属

形态特征：植株具短茎，易生侧枝；叶短匙形，黄绿色，叶表光滑蜡质不具白霜，阳光充足时叶片变黄或橙红。

养护要点：生长相对较快，春秋生长季给予充足日照，否则易徒长。夏季高温生长缓慢，注意通风遮阳，适当控水。

繁殖方法：枝插（砍头）。

Tips：光照不足时，叶子容易变为青绿色，加大光照后，能晒出金黄色的状态。

虹元玉 *Sedum rubrotinctum*

科属：景天科景天属

形态特征：易分枝，叶片呈圆筒形至卵形，叶表光滑透亮，充足光照和温差叶片会由绿变为鲜红或紫红色。

养护要点：属于耐寒、耐晒的肉肉，容易养活但不容易养出好的状态。保持良好的日照和通风可避免叶片脱落。

繁殖方法：叶插容易、枝插。

Tips：不宜全年露养，高温时，茎干容易黑腐；水肥太大，叶片会变得十分肥厚，有光泽，但叶片非常容易被触碰掉落。

观音莲 *Sempervivum tectorum*

科属：景天科长生草属

形态特征：肉质叶片扁平细长，前端急尖，叶缘具细密小锯齿；叶片螺旋状排列在短茎上，呈莲座状。通常为绿色，光照不足时新叶呈嫩黄色，温差大及光照充足时叶尖和叶缘形成可人的咖啡色或紫红色。

养护要点：喜阳光充足和凉爽干燥的环境，炎夏时节忌暴晒，置于散射光充足处即可。

繁殖方法：利用基部分枝扦插形成新植株。

Tips：属于小型种，容易长侧芽；在温室中大水大肥栽培时，单头可长到手掌大小。

膨珊瑚 *Euphorbia oncoclada*

科属：大戟科大戟属

形态特征：可长为灌木状，肉质茎圆柱状，深绿色具分枝，表面有光泽；迷你的小叶片卵圆形，先端尖，常脱落，在茎上留下黑色凸起叶痕。主要观赏部位为其肉质茎。

养护要点：喜温暖干燥和阳光充足的环境，耐干旱和半阴，不耐寒，无明显休眠期。炎热夏季适当遮阴、控水。

繁殖方法：枝插、分株或播种。

Tips：又名"光棍树"，叶片极小，常年绿色，四季没有明显的变化。

金枝玉叶 *Portulacaria afra*

科属：马齿苋科马齿苋属

形态特征：常绿肉质灌木；分枝多，老枝淡褐色，嫩枝紫红色或绿色，节间明显。翠绿色肉质叶倒卵状三角形，对生或集生于枝顶。

养护要点：适应性强，耐干旱和半阴，不耐涝，生长较快，可结合修剪进行造型。

繁殖方法：叶插、枝插、播种均可。

Tips：喜欢一定水量，但不耐积水，缺水时，叶子变皱，对环境要求较低。

雅乐元舞 *Portulacaria afra* 'Foliisvariegata'

科属：马齿苋科马齿苋属

形态特征：植株较金枝玉叶矮小，老茎灰白色，新茎红褐色；肉质叶交互对生，叶片黄白色，仅中央为淡绿色；新叶边缘有粉红色晕，随着叶片的长大，红晕逐渐消失。

养护要点：避免夏季强光直射，否则叶片会干瘪失去光泽。

繁殖方法：枝插、嫁接。

Tips：金枝玉叶的锦化品种，养护基本一致，生长速度比金枝玉叶稍慢。

紫米粒 *Portulaca gilliesii*

科属：马齿苋科马齿苋属

形态特征：茎肉质直立，易分枝；肉质叶长卵状，互生，叶腋处具少量丛生白色长柔毛。花期夏季至初秋，单花顶生，紫红色，花比植株大。

养护要点：性喜温暖、阳光充足的环境，阴暗潮湿之处易徒长，叶片呈现绿色。极耐瘠薄，尤喜排水良好的沙质土壤。

繁殖方法：播种、枝插、叶插、分株。

Tips：相对喜水的品种，温差较大时，叶子容易由绿色变成紫红色。

金钱木 *Portulaca molokiniensis*

科属：马齿苋科马齿苋属

形态特征：茎干木质化，直立生长，叶片卵圆形，全缘，嫩绿色，排成四列集生枝顶。

养护要点：忌积水，喜散射光充足和通风良好的条件，否则节间伸长叶片开散影响观赏价值。生长速度中等，利用老桩造型。

繁殖方法：枝插或播种。

Tips：茎干表皮与乔木树皮相似，粗糙，总是保持像老皮的状态；叶子常绿，四季变化不明显；缺水时，茎干会明显皱缩；不宜暴晒。

② 晋级的选择

少将 *Conophytum bilobum*

科属：番杏科肉锥花属

形态特征：老株易呈丛生状，叶扁心形，对生，基部联合，顶部有鞍形中缝，叶片顶端钝圆，叶浅绿至灰绿色，顶端叶缘略红。花期秋季，自叶片中缝开出，雏菊状，黄色。

养护要点：喜温暖、干燥和阳光充足的环境；忌积水，既怕酷热，也不耐寒，夏季高温休眠，避免烈日暴晒。

繁殖方法：播种、分株。

Tips：少将等肉锥花属多肉是春季开始孕育多头的，也是购买最实惠的时候；慢慢进入夏季后，外层的老皮会慢慢枯萎包裹着新叶，盛夏时应该停水，尽量让新叶吸收老叶营养，入秋后，老皮干枯，新叶长出，此时浇水要避免老叶底部积水导致多肉腐烂。

枝干番杏 *Drosanthemum eburneum*

科属：番杏科冰叶花属

形态特征：肉质小灌木，嫩茎绿色，老茎木质化，纤细轻柔，密被白色纤毛；叶肉质棒状，表面密被透明颗粒状凸起，对生。花淡黄色，雏菊状。

养护要点：喜散射光充足且干燥的环境，避免夏季强光直射，否则叶片易枯黄脱落。春秋季为生长季，见干见湿，可适当提高基质湿度，但不可积水。

繁殖方法：播种、枝插。

Tips：枝干番杏的品种有不少，但大多没有中文名，微潮的环境能使枝干番杏的叶子保持饱满，叶子上的水晶颗粒也会更加透亮。

生石花类 *Lithops* spp.

科属：番杏科生石花属

形态特征：植株矮小，形似石头；两片叶子对生，基部联结，顶部平截或微凸起（"窗"），中央有纵裂缝，花自裂缝中开出；该属植物种和品种繁多，依据独特的形态、斑斓的颜色、和叶子顶面（窗）的纹路来进行区分。

养护要点：春季为老叶皱缩枯萎、新叶生长的时期，称为脱皮期，期间停止浇水，让新叶充分吸收老叶的养分。夏季高温时为其休眠期，注意通风良好、适当遮阴，控水或断水，尽量干燥。秋季是其主要生长期和花期，全光照，否则顶端的花纹不明显，且难以开花。

繁殖方法：播种繁殖。

Tips：生石花春季脱皮时，要严格控水，脱皮期一般1~2个月，尽量在进入夏季前让脱皮完成，有利于度夏。

碧光环 *Monilaria obconica*

科属：番杏科碧光环属

形态特征：具枝干，易群生。茎圆柱形被褐色干膜，叶片圆柱形对生，翠绿色，表面密布半透明颗粒状突起。初时叶片短小，随着生长慢慢变长变粗，缺水时下垂。

养护要点：非常耐旱、喜散射光充足；春秋生长季见干见湿；夏季高温休眠，断水、遮阴、通风。

繁殖方法：播种或分株。

Tips：每一节枝干呈圆球状，两根新叶子会从圆球状中长出，刚长新叶时两根叶子较短，非常萌动可爱；叶子会长到2~4cm，大叶稍微缺水就会下垂，变得不那么可爱了，但不可为了保持叶子挺立而频繁浇水。夏季休眠明显，叶子会全部干枯，只留下枝干。

帝玉 *Pleiospilos nelii*

科属：番杏科对叶花属

形态特征：无茎，只有膨大肉质卵形叶交互对生，基部联合，像绿元宝。叶内侧平展，外侧凸起，灰绿色，密生深色的小斑点；新叶长出后下部老叶皱缩枯干，一般保持1~3对叶。花单朵顶生，雏菊状，橙黄色。

养护要点：喜温暖干燥和阳光充足的环境，耐干旱，忌阴湿，夏季忌强光直射。

繁殖方法：播种、分株。

Tips：帝玉不像生石花那样有明显脱皮期，通常会带一对老叶生长，但也不可大水大肥，造成太多老叶的积累，那样新叶的纹路和色泽就会变差并且不容易长大。

黑法师 *Aeonium arboreum* 'Atropurpureum'

科属：景天科莲花掌属

形态特征：灌木状，多分枝。叶片长匙形，先端具小尖，叶缘有睫毛状纤毛；叶紫黑色，在茎顶排列成莲座状。

养护要点：喜温暖、干燥和阳光充足的环境，冷凉季节生长，给予充足散射光，由于叶色较深，强烈直射光会导致叶片温度过高；夏季高温时休眠，下部叶片凋落。

繁殖方法：枝插（砍头）。

Tips：薄叶型的法师，要避免水肥过大使叶片拉长，否则高温时期容易枯叶，盛夏需要避开太阳直射。

山地玫瑰 *Aeonium aureum*

科属：景天科长生草属

形态特征：小型种，易群生。淡绿色叶片紧密围合成玫瑰花状，在冬季生长季张开，夏季休眠时收缩成玫瑰花蕾状。总状花序暮春至初夏盛开，花后母株死亡，旁边侧芽继续生长。

养护要点：夏季休眠，注意通风、控水，适当遮阴，忌高温高湿环境，冷凉季节为其生长季，应给予充足日照。

繁殖方法：侧芽扦插、分株。

Tips：不耐高温，南方许多高温地区度夏困难，夏季进入深度休眠后要放置阴凉的地方，避免消耗过大而干枯致死。

艳日辉 *Aeonium decorum* f. *variegata*

科属：景天科莲花掌属

形态特征：叶片短匙形，先端具小尖，叶缘具细锯齿；叶片中间绿色，两边淡黄色，叶缘红色；新叶通常黄色，光照充足时叶色更分明。

养护要点：仅夏季烈日时避免强光直射，其它季节可给予全日照；不耐寒，冬季温度不宜过低。

繁殖方法：枝插。

Tips：新叶常有黄白锦斑，温差大时锦斑会变为粉红色；夏季需要一定遮光，降低光强，属于叶子容易被灼伤的品种。

乒乓福娘 *Cotyledon orbiculata* var. *dinteri* 'Pingpang'

科属：景天科银波锦属

形态特征：为福娘的栽培品种，叶片较福娘更加扁平肥大，扁卵形至圆卵形，叶缘紫红色，充足光照及温差大时叶缘红色加深。

养护要点：喜阳光充足、凉爽、干燥的环境。冷凉生长季时给予充足光照防止徒长。

繁殖方法：枝插（砍头）。

Tips：容易养出老桩状态，叶子上的白粉能适当阻挡强光照射，因此尽量避免手摸或碰触，有利于度夏。

达摩福娘 *Cotyledon pendens*

科属：景天科银波锦属

形态特征：小型灌木，茎绿色，细弱，具匍匐性，叶片尖细狭长呈棒形，具明显叶尖，表面光滑无白霜，光照充足时叶缘及叶尖变为红色。

养护要点：春秋冷凉季节为其生长期，浇水干透浇透；夏季休眠期要通风降温、节制浇水；冬季保持盆土稍干燥。

繁殖方法：枝插、叶插。

Tips：平常栽培与福娘相同，达摩福娘在长期受到较强光照时，会散发出淡淡香气。

熊童子 *Cotyledon tomentosa*

科属：景天科银波锦属

形态特征：小灌木状多分枝，新茎绿色，老茎木质化黄褐色；叶片卵圆形，正面平齐，背面微凸，叶片顶端叶缘处具疏锯齿，叶色黄绿至深绿，叶表密生白色短绒毛，光照充足时叶缘锯齿变为红色，仿若可爱的熊爪子。

养护要点：夏季高温容易死亡，冬季保持 5℃即可安全越冬。

繁殖方法：春秋生长季枝插（砍头），叶插不宜成功。

Tips：

1）另有熊童子的变异种，叶片上出现白色锦斑。

2）生长季时，叶子多肥短呈半月形；若基质肥力过大叶子会拉长呈勺形。

▲熊童子　　　　　　▲白锦熊童子

宽叶仙女杯 *Dudleya brittonii*

科属：景天科仙女杯属

形态特征：中大型多肉，叶剑形，全缘，白绿色至灰绿色，表面密被白霜，紧密排列呈莲座状。

养护要点：喜温暖、干燥、日照充足的环境，忌曝晒，不耐寒，无明显休眠期。生长适温 15~25℃，夏季要遮阳、通风、严格控水，冬季生长温度不低于 10℃，室内越冬。

繁殖方法：播种、枝插（砍头）。

Tips：

1）表面覆盖着厚厚的白粉，有较强的耐晒耐热能力，不建议露养淋雨使植物上的白粉被冲刷掉。

2）另有叶片细细同样密被白霜的细叶仙女杯。

▲ 细叶仙女杯

罗密欧 *Echeveria agavoides* 'Romeo'

科属：景天科拟石莲花属

形态特征：株型相对较大，莲座状易群生；叶片肥厚，先端渐尖、具明显叶尖，叶缘与叶尖红色，叶片常年呈灰紫色，温差大、阳光充足时呈紫红色或鲜红色。

养护要点：喜温暖、干燥、阳光充足、通风良好的环境。

繁殖方法：枝插（砍头）、分株、叶插。

Tips：生长季时，容易全株变红；光照较强时，还会出现红点如血斑；需要避开太阳直射，否则容易造成灼伤；又称为"金牛座"。

蓝姬莲 *Echeveria* 'Blue Minima'

科属：景天科拟石莲花属

形态特征：小型品种，易群生；肉质叶片匙型，叶色为蓝白或绿白色，叶片先端急尖，叶缘及叶尖红色；阳光充足时红色加深。

养护要点：喜阳光充足、干燥的环境，炎夏避免强光直射；浇水时避开叶片和叶心。

繁殖方法：枝插（砍头）、分株、叶插。

Tips：表面有一层白粉，常呈蓝白色；要避免长期处于潮湿环境，否则夏季容易从茎秆开始黑腐。

静夜 *Echeveria derenbergii*

科属：景天科石莲花属

形态特征：小型多肉，易群生。叶倒卵形，翠绿色，叶表微被白霜，具明显小叶尖，日照充足时叶缘及叶尖变红。

养护要点：春秋生长季需光线充足，夏季高温生长缓慢，控水并遮阴，避免叶心积水。

繁殖方法：叶插、枝插、分株。

Tips：基因优秀，非常适合作为母本的原始种；生长季时，荧光绿状态十分漂亮；夏季怕闷热，容易黑腐，要避免长时间直射，注意控水。

雪莲 *Echeveria laui*

科属：景天科拟石莲花属

形态特征：肥厚叶片圆匙形具小叶尖，叶片灰绿色，叶表密被白霜，叶片紧密排列成莲座状。日照充足时叶片呈浅粉色或浅紫色。

养护要点：生长速度比较缓慢，是石莲属中最耐热的品种之一。喜阳光充足，忌高温高湿环境。避免将水浇到叶片上，避免碰触叶片使表面白霜脱落。

繁殖方法：枝插（砍头）、叶插。

Tips：有一层厚厚的白粉覆盖于叶片上，能有效隔热，抗寒抗热能力强；小苗时叶形更圆胖些，此时的叶子也容易叶插成功，长大后叶子慢慢变扁，不易叶插成功。

小蓝衣 *Echeveria setosa* var. *deminuta*

科属：景天科拟石莲花属

形态特征：小型多肉，易群生。肥厚叶片水滴状，具明显叶尖，且叶尖处具长绒毛；叶表被白霜，叶片紧密排列呈莲座状。通常叶色为绿色至微蓝绿色，光照充足、温差大时叶色呈现紫红色，且叶尖红色加深。

养护要点：浇水时避免浇到叶片上，尤其是夏季高温天气，否则植株易烂掉。充足日照有助于叶片饱满，叶色可人。

繁殖方法：分株、枝插、叶插。

Tips：耐热能力较差，度夏时要尽量保持干燥，需要进行遮阳降温。

玉珠东云 *Echeveria* 'Van Keppel'

科属：景天科拟石莲花属

形态特征：容易群生。叶片短小肥厚，正面平齐或微凹，背面鼓起近圆形，具明显叶尖，叶表光滑无白霜。温差大且日照充足时叶片呈现黄绿糖果色，叶尖呈红色。

养护要点：夏季高温时进入短暂休眠，注意通风良好、适当遮阴，控制浇水。春、秋季为生长期，掌握"见干见湿"原则，生长期过于干燥时会导致老叶枯萎。

繁殖方法：枝插（砍头）、叶插、分株。

Tips：叶插成功率非常低的品种，基本靠成芽砍头繁殖，因此近年价格飙升，属于东云系里最胖的一个品种。

桃之卵 *Graptopetalum amethysinum*

科属：景天科风车草属

形态特征：常具半木质化主茎，叶肉质卵圆形，较桃美人的叶片短；叶面被白蜡，微被白霜，较桃美人更加通透粉嫩。叶色灰绿、粉绿至粉红色。生长速度缓慢但株型紧实。日照充足时叶片会变成粉红色。

养护要点：喜温暖、干燥、光照充足的环境，耐旱性强，喜疏松、排水透气性良好的土壤。不耐夏季高温、湿热天气，需适当遮阴。日照充足时，叶片呈现出可人的粉红色。

繁殖方法：枝插、叶插。

Tips：在光照充足的环境下，不过量施肥，叶形能保持圆球形或卵形，叶尖不明显，十分可爱。

蓝豆 *Graptopetalum pachyphyllum*

科属：景天科风车草属

形态特征：小型多肉，易群生；叶片长圆形，先端微尖红褐色，叶片螺旋状簇生；绿色叶面被白霜，在光照充足及温差大时会呈现出美丽的蓝白色，或嫩黄的果冻色。

养护要点：除炎夏适当遮阴外，其它季节给予充足日照，耐干旱，炎夏适当控水。

繁殖方法：枝插、叶插、分株。

Tips：

1）蓝豆为具有香味的多肉植物。

2）生长季时需要较多给水能保持饱满的叶形，夏季休眠期十分怕闷热，容易从根茎处干枯或黑腐，需要采取一定降温措施。

银天女 *Graptopetalum rusbyi*

科属：景天科风车草属

形态特征：属小型多肉，叶片长狭匙，形密集排列为莲座状，叶表被白霜，灰绿色叶片具微红色细长叶尖，光照充足或昼夜温差大时整株变为粉紫至暗紫色。

养护要点：春秋为其生长季，给予全日照；夏天高温休眠，注意通风、遮阴。浇水时避开叶片，并注意防止叶心积水。

繁殖方法：叶插、枝插（砍头）、分株。

Tips：被许多人认为是风车草属中观赏价值最高的品种之一，银天女观赏性最佳的时候是休眠期，通体呈紫红色，钩状爪尖呈莲座状。

桃美人 *Pachyphytum* 'Blue Haze'

科属：景天科厚叶草属

形态特征：具有粗大的木质茎，肉质叶片膨大呈倒卵形至卵形，叶背圆凸，正面较平，顶端具不明显的钝尖。叶灰绿色至橙红色，叶表被白霜，温差大时叶片变为粉红色，犹如桃子一般。

养护要点：秋至来年春季生长季给予充足光照、保持一定的空气湿度；夏季要遮阴并控水。

繁殖方法：枝插（砍头）、叶插。

Tips：出状态后呈桃红色，十分漂亮；但如果生长期水肥过大，桃美人就很难完全出状态。叶尖比桃之卵要明显。

球松 *Sedum multiceps*

科属：景天科景天属

形态特征：植株矮小多分枝，茎干圆柱形黄褐色；肉质叶片宽线形，深绿色，簇生于茎顶，排列成花朵状，老叶黄褐色，经久不落。

养护要点：耐干旱、忌积水；夏季高温为其休眠期，适当遮阴、控水，天气冷凉后逐渐增加浇水。

繁殖方法：枝插（砍头）。

Tips：生长期需水量较大，给上充足水分，能保持叶子挺立嫩绿，有生机；夏季高温时，要进行遮阴，否则叶子容易枯黄。

皱叶麒麟 *Euphorbia decaryi*

科属：大戟科大戟属

形态特征：植株呈低矮匍匐状，茎肉质柱状，深褐色或灰白色，具粗糙褶皱；叶簇生茎顶，狭长披针形，全缘，叶缘呈波状褶皱，为其名字的由来。

养护要点：喜温暖、干燥、散射光充足环境，耐旱，避免强光直射导致叶片灰褐色缺乏绿色生机。

繁殖方法：分株为主。

Tips：生长较缓慢，十分耐旱的品种；叶子像小型椰树叶子；光照越强或缺水，叶子褶皱就越明显。

玉露类 *Haworthia* spp.

科属：百合科十二卷属

形态特征：株型小巧，可形成群生状态；肉质叶基生，紧密排列呈莲座状；叶片肥厚饱满，翠绿色，上半段呈透明或半透明状，为其"窗"，有深色的线状脉纹。

养护要点：给予凉爽、散射光充足环境，春秋季为其生长季；夏季忌高温高湿、烈日暴晒。

繁殖方法：分株、枝插、叶插、播种。

Tips：十二卷属中的初级品种，生长速度在十二卷属中属于较快的，适合刚进入十二卷属圈子的新手们种植。由于大多叶尖呈圆球状，加上透明的窗，就如一颗颗玻璃球般晶莹。切忌阳光直晒。

③ 高手的最爱

凝蹄玉 *Pseudolithos migiurtinus*

 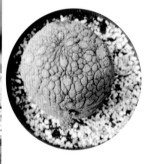

科属：萝藦科凝蹄玉属

形态特征：膨大的卵圆形块茎贴地生长，表面具有瘤状凸起，光照不充足时块茎呈现浅绿色，半遮阴时表现为橄榄绿或灰绿色，全光下表现为红棕色。叶片完全退化，整个生长过程中均没有叶片长出。夏末开出簇状深红色花朵，散发出腐臭气味，引诱蝇类为其授粉。

养护要点：冬季维持在5℃以上，避免低温潮湿的环境。除夏季强光时适当遮阴外，其它季节可以全光照。保持基质干燥，以免块茎腐烂。严重缺水时块茎表面明显皱缩。

繁殖方法：播种繁殖，但种子不易获得。

Tips：

① 在原生地，凝蹄玉块茎的形态和颜色具有拟态的作用。

② 高度肉质化的多肉，表皮看起来像蛤蟆的皮；夏型种，不怕热，极耐干旱，不耐寒，夜温低于5℃时，就必须保持盆内干燥、停水，否则容易腐烂。

卡拉菲敦菊 *Othonna clavifolia*

科属：菊科厚敦菊属

形态特征：灌木状多肉植物。茎肉质，低矮不规则分枝，表皮灰绿色。茎上有多处圆疣状生长点，生长点上生有棍棒状肉质叶，绿色。花期春季，顶生头状花序，雏菊状，柠檬黄色。

养护要点：较耐干旱，全日照、适度浇水，炎夏适当遮阴控水，冬季保持稍湿润。

繁殖方法：播种。

Tips：茎干粗糙灰白色，像老树干；家庭栽培叶子容易拉长，基本呈绿色，野生生长时，叶子能呈球状，原生地温差大时，叶子颜色会变红。

兜　*Astrophytum asterias*

科属：仙人掌科星球属

形态特征：茎膨大为球形、圆柱形或扁球形，表面具 7~10 棱，以 8 棱居多，棱背中央分布着绒球状的刺座，并星散分布着白色丛卷毛（星）。

养护要点：喜干燥、阳光充足的环境，要求排水良好的基质；春秋生长期给予充足光照和适当水分，冬、夏休眠期保持通风和基质干燥。

繁殖方法：播种。

Tips：兜的种类有不少，通常根据球体上的星点、疣点和棱的变化来分类；实生生长较缓慢，为了加快生长速度，常常会用砧木进行嫁接生长。

乌羽玉　*Lophophora williamsii*

科属：仙人掌科乌羽玉属

形态特征：植株具有粗大的肉质根，地上部分茎扁球形或球形，表皮暗绿色或灰绿色，具 8~10 条螺旋状排列的棱，几乎没有棱沟；顶部散生灰白色绒毛，刺退化，留有圆形刺座，称为"疣"，内生白色或黄白色绵毛。

养护要点：宜深盆栽植，选用疏松、排水良好的基质，春秋生长季保持基质微湿润，其他季节保持基质干燥，否则易烂根。

繁殖方法：播种、分子球扦插。

Tips：具有萝卜状肉质直根，多数无刺；地上部分的生长有时比地下根部生长还慢，实生乌羽玉养根很重要，根部生长不好，地上球体就会停止生长。

小红衣 *Echeveria* 'Vincent Catto'

科属：景天科拟石莲花属

形态特征：株型迷你，易群生。叶片微扁卵形，表面微被白霜，叶缘具明显的半透明边，叶尖两侧有突出的薄翼。叶环生成莲座状，向中心围拢。低温及光照充足时叶缘变红及叶背中间凸起处呈现红色斑点。

养护要点：对通风要求很高。喜凉爽、干燥、阳光充足的环境，要求排水良好的沙质土壤，不耐水湿。夏天不宜超过 30℃，养护难度很大。

繁殖方法：分株，枝插（砍头）。

Tips：小型种多肉中观赏价值最高的品种之一，以叶数多、株型紧凑、颜色艳丽为特点；春秋生长季时，养护难度不大，但夏季非常怕闷热，需要十分注意保持通风条件，并适度遮阴，不可完全断水，否则容易干死，度夏难度较大，因此价格颇高。

乌木 *Echeveria agavoides* 'Ebony'

科属：景天科拟石莲花属

形态特征：叶片近三角形，先端渐尖，叶全缘、光滑、无白粉，叶色通透、青翠似玉石，叶缘紫红至紫黑色。

养护要点：耐旱，可短期耐受 –4℃低温。喜排水良好的微酸性土壤，充足光照和凉爽、干燥的环境。生长季保持土壤湿润，但不可积水；寒冷和高温环境要严格控水。

繁殖方法：砍头、枝插。

Tips：

1）其生长缓慢，叶插成活率低，成株后高贵的观赏气质使得其价格相对较高。

2）拟石莲花属东云系中最受欢迎的品种，纯种的乌木属于特大型种，长大后十分霸气；夏季时底部较大的叶片不可直接拔除，否则会留下巨大托叶痕伤口，极易造成病菌侵入而死亡。由于大型种叶片上的细胞晶格十分明显，不可长时间太阳直接暴晒，否则容易灼伤。

羽叶洋葵 *Pelargonium triste*

科属：牻牛儿苗科天竺葵属

形态特征：块根类多肉，块根巨大苍老表面如古树皮，块根表面还会分泌树脂。叶片羽状深裂，密被细绒毛，夏季休眠期叶片干枯。花与天竺葵的花很像，花色丰富，有白色、淡黄色、淡粉色等，花有甜香。

养护要点：全日照，喜欢排水性良好的沙质土壤，温暖的冬季为生长季，气温过低会休眠，放在散射光充足处越冬。炎热的夏季为休眠期，要保持土壤干燥。

繁殖方法：播种，种子寿命短。

Tips：块根多肉中的代表品种，大颗的羽叶洋葵在生长季时极具观赏价值，苍老的块茎上长有翠绿的小型羽状叶，叶上长有白绒毛，如同一株覆盖着薄雪的苍松。

刺月界 *Sarcocaulon herrei*

科属：牻牛儿苗科龙骨葵属

形态特征：茎膨大变粗，绿色或黄铜色，具光泽，具有硬长尖皮刺；叶簇生或互生，羽状深裂，具长柄。花瓣5，白色，绢状，花药黄色。蒴果先端具长芒，密被短糙毛。

养护要点：根据植株的大小选择适宜的盆器，盆器不宜过大，否则容易烂根；选择排水、透气良好的基质，掌握见干见湿，浇水浇透的原则。

繁殖方法：枝插、分株、播种。

Tips：叶小而呈羽状，主要以观赏茎干为主。茎干表皮上长有一层透明的蜡质层，干上的刺会随着茎干长出而变大变黑，越来越霸气；十分有意思的是，刺月界的刺是不断长出的叶子枯萎掉落后留下的叶柄退化而成的，刺会从绿色变为红褐色最后逐渐变成黑色。

黑罗莎 *Sarcocaulon multifidum*

科属：牻牛儿苗科龙骨葵属

形态特征：小灌木，木质化茎短粗，表皮蜡质、透明状；匍匐生长，枝杈较矮。叶羽状深裂密被绒毛。花5瓣，粉色。

养护要点：生长很缓慢，繁殖困难，喜排水、透气良好的基质，夏季叶片枯黄休眠，减少浇水次数；冬季生长期需要直射的阳光，并注意防冻。种苗在生长季需经常浇水，保持湿润，但要注意通风。

繁殖方法：播种繁殖。

Tips：茎呈黑色粗短干，叶小呈簇状；颇有生机的小绿叶长在如枯死般的黑色的枝干上，形成强烈的对比，十分有趣。因生长缓慢，繁殖困难，价格不菲。

红花龙骨葵 *Sarcocaulon pattersonii*

科属：牻牛儿苗科龙骨葵属

形态特征：叶三角形至圆形，具短柄，交互对生，先端二裂，青绿色。花单生，粉红色，具长梗。花期夏季至冬季。

养护要点：耐干旱，生长期适度浇水，休眠期保持盆土稍湿润。

繁殖方法：播种。

Tips：茎干表皮上长有一层透明的蜡质层，刺、叶、花都由茎干上一个生长点长出，一朵花最多结出5粒种子。

红花断崖女王 *Sinningia leucotricha*

科属：苦苣苔科大岩桐属

形态特征：具有球形或甘薯状肉质块根，黄褐色；枝叶在块根顶端簇生，密被厚实的白色绒毛；叶椭圆形或长椭圆形，交互对生，全缘。花期暮春至初秋，筒状花橙红色或朱红色。

养护要点：冷凉季节生长，生长期保持土壤微湿，避免积水。夏季高温和冬季低温休眠，控水，剪去干枯的枝条和叶片；并在夏季适当遮阴、加强通风。

繁殖方法：播种繁殖。

Tips：红花断崖女王又称月宴，是大岩桐属中最具观赏价值的品种；突出特点是，叶子表面厚厚的白色绒毛十分有光泽；怕寒冷，平时养护较容易。

弹簧草 *Albuca* spp.

科属：风信子科哨兵花属

形态特征：地下具多枚鳞片围合成的鳞茎，肉质叶片自鳞茎顶端抽出，线状或带状，不同程度扭曲，似弹簧。花梗自叶丛中心抽出，总状花序，小花下垂，花瓣正面淡黄色，背面黄绿色。

养护要点：喜凉爽气候，秋天至来年春天为其生长季，保持土壤湿润而不积水，保持阳光充足；夏季休眠，地上部分叶片枯萎，鳞茎留在盆中，减少浇水次数，避免浇在叶心。

繁殖方法：分株、播种。

Tips：长长的叶子会如弹簧般卷曲起来，但光照强度不足时，叶子卷曲的程度就会减弱，变的杂乱难看，因此弹簧草适合露养，增大光照强度来保持株型。

繁镜　*Massonia pustulata*

科属：风信子科镜属

形态特征：植株具圆形鳞茎，由多层肥厚肉质鳞片组成。通常 2 片心形叶由鳞茎顶部抽出，具明显叶尖，叶片薄，正面具凸起的肉刺；叶色绿带点紫。簇状花序自叶丛中抽出，小花白色，微带紫，花朵一般在阳光充足时开放，花期为 12 月左右，自花授粉。种子基本在来年 3 月左右成熟，种子为黑色，油菜籽般大小。

养护要点：喜凉爽、湿润和阳光充足的环境，秋天至来年春天为其生长季，夏季休眠，地上部分枯萎。生长季保持土壤湿润不积水即可，休眠期土壤干透后在盆边浇水，避免叶心积水。

繁殖方法：播种、分株。

Tips：生长季时对水分需求较大，一旦缺水叶子就变得软趴趴的，给水后立即恢复坚挺；光照较强时，叶子的颜色会由绿色变为紫色。

卧牛　*Gasteriea armstrongii*

科属：百合科鲨鱼掌属

形态特征：无茎、叶基生，舌状叶片两列叠生，先端具不明显小尖，叶表具疣状突起；叶片坚硬，绿色或墨绿色。生长极缓慢。

养护要点：喜排水良好、温暖干燥、光线充足的环境。春、秋季为生长期，给予充足光照。夏季控水、适当遮阴、加强通风。冬季放在室内阳光充足处，保持盆土稍湿润，维持 5~12℃。每 2~3 年换盆一次，防止土壤板结。

繁殖方法：分株为主。

Tips：卧牛是鲨鱼掌属中最著名的种类，由几片厚厚的叶子左右叠生生长，叶子如牛舌状，生长十分缓慢，四季无明显变化。

万象 *Haworthia maughanii*

科属：百合科十二卷属

形态特征：小型、生长缓慢的肉肉，肉质叶片柱状，似倒立的象腿，竖向生长，排成松散的莲座状；叶片顶端截形具透明"窗"；嫩叶灰绿色，老叶光照充足时呈红褐色。

养护要点：喜温暖干燥和阳光充足环境。

繁殖方法：分株为主，亦可叶插，或异花授粉成功后播种繁殖。

Tips：十二卷属中生长最为缓慢，也是最高级的一类。万象的名称是来自于日本，日本对万象园艺栽培有很深的研究，许多园艺名品都来自日本。窗面大且纹路丰富品种，受到了许多资深爱好者的追捧。

寿 *Haworthia retusa*

科属：百合科十二卷属

形态特征：植株矮小，短而肥的叶螺旋状排列在短缩的茎上，呈莲座状。叶片下部呈半圆柱状，顶端具一平而透明的三角形截面，有明显的脉纹，为其"窗"。

养护要点：喜干燥凉爽、柔和光充足的环境，忌积水，不耐寒。喜疏松、排水良好的沙壤土。夏季高温时注意遮阴和控水。

繁殖方法：分株、叶插、异株授粉后播种。

Tips：

1）该类品种多，外形差异不大，不同品种叶色绿色或褐色，叶缘或有刺，叶片大小、脉纹、窗的大小和透明程度存在差异。

2）是除了玉露类之外，生长较快的十二卷属多肉。叶形通常呈三角形，同样具有截形窗面，有的有背窗。现许多名品寿，因通过组培繁殖，得以被广大普通爱好者栽培。

玉扇 *Haworthia truncata*

科属：百合科瓦苇属

形态特征：无茎，叶基生。肉质叶对称排成一列呈扇形，叶片长方形，微向内弯曲。叶表粗糙，绿色至暗绿褐色，顶部平截或略凹，为其"窗"，新叶顶端截面透明灰白色。

养护要点：喜柔和的全日照和凉爽的环境。春、秋季生长期给予充足光照，否则株型松散，叶片徒长，"窗"变小而浑浊；夏季宜放于半阴处，怕高温，忌阴湿。不耐寒，冬季给予不低于 5℃的环境。

繁殖方法：分株、叶插、播种。

Tips：生长缓慢，叶子对生呈扇形，叶顶端具有截形窗面。虽然生长较慢，但也不能放置太阴的环境下生长，否则造成徒长后需要很长时间才能恢复。

▲玉扇锦

韧锦 *Anacampseros alstonii*

科属：马齿苋科回欢草属

形态特征：株型迷你，生长缓慢。肥大的肉质短茎上丛生细圆柱状分枝，表面密被细鳞状螺旋形小叶，银绿色。

养护要点：喜凉爽、干燥和阳光充足的环境，耐干旱，怕积水，也怕闷热潮湿，稍耐寒。

繁殖方法：播种繁殖。

Tips：

1）每朵花的寿命仅有 1~2 个小时。

2）夏型种的块根多肉，有白花和红花两种；叶子短小，表面覆有如鳞片般的白膜。温度过低时，需要停水以便过冬。

四、

肉肉养护要点

1. 基质的选择

（1）多肉原生土质

了解多肉的种植基质，可以先从了解多肉的原生地土质开始，多肉原生地多以贫瘠地为主，土壤层薄，如沙漠地区、戈壁或悬崖边上。沙子和碎石的比例占了70%~80%，而具有营养成分的基质基本不超过5%，这样的土质情况也促使野生多肉的生长变得十分缓慢，同时株型紧凑矮壮，从而在生理上获得了很强的抗逆性来面对恶劣的环境。

▲野生状态下的芦荟

▲戈壁中的仙人掌

▲美洲的虚空藏群生

虽然很多花友在了解到野生多肉原生地的土质状况后，纷纷效仿模拟，希望便于管理养殖多肉，但大多数效果却不甚理想。最直接的原因就是出处不同。野生多肉从种子发芽开始就必须面对原生地极其恶劣的环境，虽然多数多肉植物的发芽率很高，但是能够安全而漫长地长大并不容易。尝试过景天科多肉播种的花友都知道，景天科多肉的种子量非常多，其实这从植物繁殖的角度上来看，为了有效繁殖后代，植物自然演化，提高结种量，一旦结种后数以万计的种子中总有部分种子能成功长大，来确保物种的自然繁衍。而花友们的培育方式并不可能以数量取胜，并且获得途径都是经人工环境下培育的，生长环境上或繁殖环境有着巨大差异，温室里为了加快多肉生长，从播种开始就以最适宜的环境提供生长，当我们非常大地改变土质状况时，多肉就会因长期营养不良而开始衰落，需要非常长的时间才能逐渐替换营养组织来适应新的生长环境。另外花友们的种植环境以露台为主，即使控制基质环境，也无法调整空气湿度、紫外线强度、水汽供给等环境，所以完全模拟原生地的种植方式是不现实的。

▲放养条件下的番杏科多肉

（2）多肉土种类及比例

从使用效果上一般推荐三大类：①持水的无机颗粒土：赤玉土、鹿沼土、煤渣、火山岩等。②不持水的无机颗粒土：珍珠岩、硅藻土、日向石、河沙、轻石等。③有机基质：泥炭、椰糠、腐熟生物粪等。持水无机颗粒因持有毛细水，具有一定的保水性，适合多肉根部的附着，有很好的亲根性；不持水无机颗粒不保水，应保证盆土的排水性和控水能力，防止多肉根部缺氧坏死。有机基质具有较好的保水性和一定的保温性，富含营养，不应占太多比重。

由于多肉本身组织细胞的储水能力很强，它们适合长期无水，但能让根部一次吸足水的土质环境。因此应采用高比例的颗粒土组成透气性好的盆土结构来满足多肉的这种生长习性。因为光、温、水、植物品种等因素都对多肉基质有不小的影响，所以根据地处环境可以对基质配比进行相应地调整，来配合我们的栽培习惯，才能得出最适宜自己的基质配方。如，北方地区气候干燥少雨、温度较低更适合多肉生长，建议：30%持水无机颗粒土+30%不持水无机颗粒+40%有机基质。南方地区气候潮湿多雨、闷热，建议：45%持水无机颗粒+40%不持水无机颗粒+15%有机基质。

▲常用种植土

（3）成株多肉与苗株的基质差异

成株的多肉（2年以上）在颗粒土的使用比例上可以相对高一些，即使在北方也建议在 70% 以上，颗粒直径大小选择 3~6mm 最佳，成株多肉已经有足够的营养组织来储藏水分，不容易因为缺水而导致死亡，相对而言老桩根茎处对土面的通风干燥也有更高的要求，70% 比例的颗粒土所提供的通透性能使多肉即使偶遇几场大雨也不易烂根，所以在种植安全上得以保证。虽然在生长速度上会导致减缓一些，但也能更好地美化株型。

苗株多肉则建议可以将有机基质的比例提高至 75%，而颗粒直径大小可以选择小一些，1~3mm 更适宜，随着植株的增长逐渐减少有机基质比例，再替换成颗粒土。苗株多肉种芽时与其它植物一样，叶肉内的储水能力不强，主要依靠根部吸收水分和营养，对水分的需求也较大，若颗粒比例过高会因缺水而干死。有机基质建议使用松软的泥炭土，育苗土质太硬会导致须根无法扎根，苗株僵苗而死亡。

▲成株用大颗粒容易出状态

▲苗株多用有基质长得快又胖

（4）经济实惠的基质

多肉专用土的种类有很多，基质配比也可以根据不同环境、个人的喜恶进行更改，没有绝对好的配土，只有最适合自己的配土。有的花友嫌麻烦直接购买配好的虹彩石进行种植，虽然价格偏高，但适用性较广（虹彩石属于全颗粒土配有缓释肥，对于较小的苗要注意使用）。而有的花友用煤渣和河沙一样能将多肉种植得十分漂亮。

这里给大家介绍一种"万能"的混合土配比：20% 泥炭 +65% 珍珠岩 +15% 蛭石。这三种基质，很多人都很熟悉，没错，它们常常被广泛用于绿植的种植中~~ 在经过一段时间的尝试后发现，虽然这样的配土不能用于对环境比较敏感的多肉，但对多数景天科多肉和普货效果还是不错的。许多人认为珍珠岩容易粉化、蛭石容易瓦解不适合使用，其实虽然珍珠岩会粉化，但普遍多肉在 1~2 年后 20% 的泥炭营养吸收殆尽需要换盆，此时的珍珠岩粉化率并不会太影响多肉生长。蛭石在用于种植多肉时，应该挑选颗粒直径超过 5mm 的颗粒蛭石，蛭石颗粒较大时，不仅降低瓦解，也使在干燥和充水环境下缩胀能力变得更强，增加了土质松软度，提高输水透气性。蛭石无肥，作为缓冲和调节整体盆土性质有相当好的效果，对泥炭和珍珠岩之间混合起到了很好的兼容作用。更重要的是这样的基质配比非常经济实惠。

▲泥炭+蛭石+珍珠岩混合土

▲这些用"万能"配土种的品种，状态一样棒棒的

说到经济实惠，也顺便分享下上面所提及的煤渣的使用心得：①煤渣经过高温的处理，所以介质很干净不容易生虫。②煤渣中含有大量的矿物质及微量元素，有利于多肉植物的生长。③煤渣再除去未烧尽的黑煤炭部分后，不需要特别筛颗粒，其通透的空隙非常适合多肉扎根，使用方便。④煤渣在第一次使用前，需要冲水浇透来退火。⑤70%煤渣+30%河沙可以填补煤渣中一些较大的缝隙，且河沙不积水，使二者更加相得益彰。

▲煤渣种玉蝶

②. 盆器及工具的选择

多肉盆器的选择特点：

① 小盆为主　多肉基本属于小型植物，加上本身不耐积水的特点，选择多肉盆器大小时，无需过大，可以根据种植品种的直径来判断，基本上盆口直径与植株直径差不多或小一些即可。

② 浅盆为宜　常见多肉主要以须根系为主，野生多肉常生长于石缝中，土壤层很薄，生态习性对土质厚度要求较薄，浅盆更适合成株多肉根部的呼吸和生长。但一些十二卷属多肉和块根多肉，属于深根系，更适合选择深盆来养根。

③ **材质透气** 无论小盆还是浅盆，其实质目的都是为了更透气，种植多肉的盆器材质有很多，材质透气的盆器能使多肉根系附着于盆壁，更有利于调节水分供给和土壤含水量对多肉的影响。

④ **漂亮有趣** 除了实用性，当然还要考虑美观咯！多肉是为美丽而生的，给多肉挑盆器，就像给人挑衣服，美靠靓妆，搭配一款漂亮的盆器可是会将自己的肉肉提高很多档次呢～～

▲款式多样的手绘陶土盆

▲各种材质的种植盆器

从材质上推荐使用：红陶盆和塑料盆。

红陶盆不易脏，整体干净素雅，但清一色略显单调。由于红陶盆结构空隙大，长期使用红陶盆后有时会发现，盆的外表面上渐渐出现白色粉末状物质，那是长时间使用自来水或偏碱性水质后，产生不溶于水的碳酸钙等物质被陶盆排出，出现这种现象后，可调节用水的酸碱度，适当使用微酸性水来浇多肉，一段时间后白色物质逐渐消失，并且微酸性水更有利于多肉生长。红陶盆非常适合南方地区露养多肉使用，南方气候闷热，降雨较多，红陶盆的透气排水能力强，不会使盆内环境过于干燥，又能让盆土水分较快发散不易积水。而北方地区就不太适合使用红陶盆露养，降水少且干燥的地区，红陶盆会容易导致多肉缺水，状态难以恢复。

塑料盆实用性好但观赏性太差，最大的好处就是轻便和实惠。最常用的型号是 7cm 方盆和万象盆，适用于大多数的多肉株型。塑料盆的韧性较好，有利于提高盆土的疏松度，盆器与多肉是长期被暴晒于阳光下的，塑料制品会逐渐减少韧性

▲红陶盆种植多肉

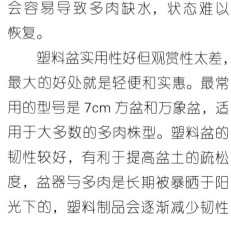

而易变脆破裂，所以尽量购买较高厚度的塑料盆，延长使用寿命。塑料盆特别适合多肉数量较多的花友，移动轻便有利于养殖管理，散热性也优于陶土质的盆器。

▲塑料盆便于大量种植

瓷釉盆，上釉的花盆大大降低了透气性，不如陶盆透气，也没有塑料盆的韧性，所以需要更加注意调整种植基质，来保证盆内环境的通透性。瓷釉盆虽然实用性弱些，但观赏性较强。它的样式就很多了，五花八门，有小巧可爱的搭配萌系多肉，也有古香古色的搭配块根多肉等。许多盆器厂商也提供订制服务，注重美观的花友们可以尝试设计出自己喜欢的盆器，瓷釉盆无疑是提高多肉"颜值"的利器。

▲色彩艳丽的瓷釉盆

▲根据多肉来搭配盆器

不推荐使用木盆、铁盆等长期种植。搭配各式材料种植多肉新颖有趣，但要避免使用容易腐蚀、变质的盆器，对多肉的生长产生不良的影响。

常用的多肉工具：镊子、毛刷、尖嘴壶、气吹、小型铲子、小剪刀等。多肉大多形态小巧，这些工具便于我们在手指无法操作的情况下使用，因此必不可少。如，多肉叶面怕积水适合使用尖嘴壶浇水，有利于控制浇水范围；下雨溅入或浇水不慎使叶面积水过多可用气吹排水。

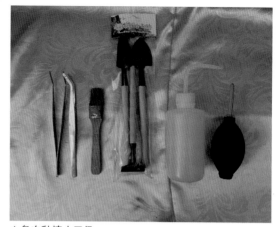

▲多肉种植小工具

③. 换盆与分株

多肉植物换盆一般 1~2 年进行一次。换盆有几个目的：第一，多肉生长缓慢对基质肥力的要求不高，只需要换盆时加入的底肥就足够满足 1 年的养分供应。第二，多肉对基质的输水透气性比较高，1~2 年内盆土基质逐渐变的粉化、板结等影响多肉生长。第三，通常一开始种植多肉不适合选太大的盆器，而正常生长的多肉在 1~2 年内根系生长空间已达到饱和，可以换大一些盆的来提供根系更好的生长空间，同时可对一些枯死根进行修剪梳理，增强透气性，便于植株成长。

▲找到适合现在株径的盆

▲脱出原本盆，更替旧的基质

▲剪除徒长、干枯黑死的根

▲换上新基质，重新上盆

4. 光、温、水的管理

　　包括多肉植物在内所有的植物都离不开光照、温度、水分等因素对于生长的影响，植物需要光进行光合作用，光合作用需要水作为制造糖分的原材料，温度控制植物各种有机反应中酶的活力。三者息息相关，互为影响。多肉植物之所以能被划分、归类，最根本的原因就是对光照、温度、水分等环境因素的利用和反应不同于其它植物。多肉是景天酸代谢途径的植物，它们白天温度高关闭气孔，储存水分并且呼吸作用不明显，生成的二氧化碳能立即被光合作用利用，因此光合作用效率高。晚上才打开气孔，然而温度低水分蒸腾少，同时吸收二氧化碳并储存于叶肉细胞中，所以多肉植物细胞存储养分的能力较强，表现出了"多汁肥厚"的状态。

（1）光

　　知道了多肉植物的代谢机理，就能很好地理解多肉对光、温、水等的需求。首先光照，上面说过由于大多数多肉植物的光合作用效率较高（十二卷属多肉除外），因此它们对日照的时长和强度都有较高的要求，属于长日照植物。要维持多肉长期健康生长，太阳直射光下每日时长至少保证在 6 小时以上，且时间越长越好，而日照强度最低需要5000lx，20000lx 生长最好。

▲充足的光照让猎户座的叶变也晒得粉嫩粉嫩

▲广寒宫被晒出蓝紫色状态

　　其中紫外线对多肉生长过程中起到了相当重要的作用，防徒长！虽然紫外线会使植物矮化，抑制向上生长，但对于光合效率高的多肉来说却是必要的。缺光、紫外线不足时，多肉细胞对光的需求得不到满足，就容易拉长细胞，从而扩大组织对光的接收面积，这一过程中，多肉的表皮细胞壁也随着拉长而变薄，这样大大减少了对外界环境的抵抗能力，特别是在休眠期时容易被病菌侵入、害虫啃咬、高温灼伤等伤害，难以度夏或抗寒而死亡。适量的紫外线不仅能帮助多肉塑形，还能增加表皮厚度，提高抗逆性。当然，并不是紫外线越强越好，夏季时紫外线强度是全年最高的，此时因为温度原因，许多多肉会进入休眠期，此时多肉代谢缓慢，抗性较弱，需要将多肉移至通风阴凉的地方或架设 70% 左右遮光率的遮阳网等措施进行度夏。

▲紫外线太强使露娜莲叶子开始出现焦边　　　▲毛东云被晒伤后会留下黑斑

　　许多花友的家庭养殖环境是封闭或半封闭阳台，最容易表现为光照不足，如朝向影响光照时长、门窗玻璃影响紫外光穿透率等，一般通过调整基质颗粒比例和控水可以暂时缓解多肉徒长现象，但并非长久之计。有条件的可以尝试人工补光的手段，市面有很多植物补光灯具，这里建议选用全光谱灯，不推荐使用红蓝辐射灯，不仅可能造成人体伤害，还容易灼伤植物。全光谱相当于太阳光，设置 5000lx 以上的光强就能轻松尝试室内养多肉的效果了。

（2）温

　　多肉对温度表现出的差异性，我们通常把它们分为两类：①冬型种，春秋季生长较快，相对耐寒，夏季休眠或半休眠，如大多数景天科、百合科十二卷属等；②夏型种，夏季生长旺盛，冬季不耐低温，如仙人掌科、大戟科等。家庭养殖时，多肉生长的适宜温度一般都在 10~28℃，当低于 5℃和高于 30℃这个范围后多肉就会逐渐进入休眠状态来抵御极端温度的变化。但是除此之外，多肉生长极端温度还可以进行植物驯化来改变的，通过人工控温手段逐渐让多肉适应当下温度环境，可诱导达到适当改变其生态习性的效果。不过所有的多肉植物都有着自己的致死温度，如紫勋 *Lithops lesliei*，致死高温为 60℃，致死低温为 –8℃；巨人柱 *Czrnegiea gigantean*，致死高温为 65℃，致死低温为 –9℃。

　　在高温状况下，必须结合通风条件来控制环境对多肉的压迫。夏季时，风的流动既可以带走大量叶面热量，又能保持多肉盆土干燥，这是非常重要的！多肉体内含有大量水分，高温下极易"煮沸"，导致细胞变质、坏死。多数野生多肉常发现于靠近海边的

▲土面温度过高使鬼脚掌从底部叶子开始焦烂　　　▲温度过高导致静夜细胞坏死引起黑腐病

悬崖边上，就是由于海风非常利于降温。因为无风状况下，气温在35℃时，叶面温度通常高达至55℃以上，因此家养环境下，夏季遮阴或辅以风扇加强通风降温是必要的。常见不太耐热品种：静夜、银月、瑞典魔南、山地玫瑰、稚儿姿、小红衣、白霜、红霜、蓝宝石等。花友们在面对这些品种度夏时需稍加注意。

冬季时，夏型种多肉在低于5℃以下，便开始休眠，需要一定的防寒措施，必要时移入室内，此时太过通风的环境可能使气温降低。当气温低于0℃以下，多数多肉进入休眠，虽然植物体液的凝点比水的凝点低，植物本身不会冻僵，但须严格控水，避免盆内形成冻土，使多肉根部窒息溃烂而造成死亡。

（3）水

水分供给的把握在多肉生长的所有环境要素中表现出的效果是最明显的，也是困扰栽培新手们最重要的一环。前面说过多肉植物代谢的机理，会将水分存储于细胞组织内，极其耐旱，家庭盆栽时，正常植株即使两个月不浇水也不会完全干死，野生环境下，半年至一年没有降雨的情况也时有发生，而多肉根系大部分属于须根系，不耐积水。因此多肉浇水，宁干勿湿！因为怕水涝，多肉浇水时对其它环境的变化就比较敏感，不同的基质、通风条件、空气湿度、温度变化等对浇水都产生不小的影响，每一位花友都需要根据各自的环境特点改变浇水周期，而在交流时却常常只剩"干透浇透"这种万金油式的结论，新手很难理解，所以花友间的探讨也仅供参考，不能完全借鉴。因此了解多肉的浇水原则与判断浇水时机是至关重要的。

判断浇水时机的方法一般可以分两种。

一种是观察判断。通过看、闻、掂量来判断多肉对水的需求。

看，健康的多肉在开始缺水的时候，会表现出最外围叶子皱缩的现象。极度缺水状态下的多肉，包括中心叶子在内的整体植株表现出皱缩现象，但此时还需要判断是缺水导致皱缩，还是浇水过多导致根部溃烂无法吸水而出现的缺水现象。

闻，一般盆底的基质干燥速度会低于盆土表面，只要是盆栽多肉，都可以通过嗅盆的土腥味判断盆内水分含量，土腥味越重，盆内湿度越大。

掂量，主要是通过掂量多肉浇水前后重量的差距来判断浇水时机，当盆内基质中的保水基质开始干燥后，就能明显感觉出盆体变轻，这个方法需要经过一定时间锻炼才能有手感，但也是最快速简捷的方法。

第二种则是，实践操作，与观察判断相比，操作判断会显得更加明显易见。这里推荐两种方法：一种是竹签法，直接用竹签插入盆内，拔出后没有粘连颗粒且感觉土质疏松，便可浇水，此方法可能扎伤盆内根系，所以尽可能不要太靠近多肉插入，虽然存在弊端，但是简单快速效果好。另一种是盆土对比法，用两个相同盆器倒入相同基质，尽可能制造出相同环境下，一盆正常栽种多肉，一盆则不种植，一起浇水后，无种植的盆土可经常挖开观察盆内干湿状况和速度，及时记录。此方法虽然较笨且繁琐，但对于新手来说确是安全又容易学习、积累经验的好方法。

除了判断浇水时机，在浇水过程中还需要注意一些特殊情况：

高温或低温时，多肉将进入休眠期，属于非正常生长，代谢较慢，需要控水以保证盆土干燥防止烂根。

夏季避开中午浇水，傍晚凉爽时浇水为佳；冬季晚上不浇水，以免霜冻影响根部。

浇水则浇透至流出盆底，既便于判断盆内干湿情况，也能打通盆内流水通道，增加透气性，促进根系呼吸。

空气湿度较高的雨天或阴天，多肉容易吸收空气水分，不易造成大量缺水，应拉长浇水周期。

通风条件不足时，要及时清除浇水后滴落在叶缝里的积水，以免叶片溃烂或被阳光反射造成灼伤。

▲条纹十二卷中心积水导致丛内部溃烂

▲大面积种植浇水时要及时清除叶面积水，防止以上情况发生

特殊多肉品种，如雪莲、仙女杯雪山、白星等叶片上有较厚白粉或长毛的品种，要避开肉体本身浇水，以免厚粉丢失、长毛杂乱，既影响美观，也不利生长。

（4）光、温、水对多肉颜色、形态变化的影响

多肉喜欢在不同的时节，改变"肤色"和"姿态"，尤其是景天科多肉变化最为突出。到了生长季，肉叶变得圆滚起来，颜色也慢慢开始变得鲜艳起来，原本灰绿色的叶片渐渐呈现出红的、紫的、蓝的、粉的，甚至形容不出的"果冻色"，让人垂涎欲滴，真想咬上一口。所以一定很多人想知道这其中的原理，也让自家的肉肉变得"呆萌"起来~~

▲丰富多彩的多肉一角

肉肉"变装"的主要外在原因有两个：光照充足和昼夜温差大。

大家会发现多肉变色一般出现在春季和秋季，这两个季节恰恰能够同时满足这两个条件。阳光充足时，光合效率较快，细胞内储存养分的速度加快，同时多肉接受到的紫外线含量增多，紫外线是促使植物矮壮的主要原因，高原上云层较薄，紫外线容易穿透，阳光中紫外线更强，植物多为草本或低矮的灌木，而高大乔木稀少，就是由于这个原因。春秋季的温度适宜多肉生长，汲取水分和养分速度较快，代谢变快，形态上就往"肥肥胖胖"的趋势生长了。长期生活在高原上的人，脸上常常会出现"高原红"的红晕，和人一样，多肉植物变色也是为了抵御外界环境的一种表现。这就可以推断，紫外线其实也是造成多肉变色的原因之一。

肉肉变色的内在原理是：春秋季时，气候的改变使得多肉植物体内的有机物产生变化，在光照充足和昼夜温差大的条件下，可溶性糖分增加，原本绿色的叶绿素转化为花青素，而同时水分较少时，会促进花青素积累。由于多肉植物品种的不同，细胞液为酸性时，会呈现出偏红色或紫色；细胞液为碱性时，会出呈现出偏蓝色。而颜色的深浅与花青素含量的积累呈正相关，因此就会呈现出五彩缤纷的颜色。但在夏季存在一种特殊情况，就是长期生长在缺氧的环境中时，会使叶绿素被破坏，促进花青素的形成，出现非正常"斑锦"。这种现象一般出现在闷热潮湿的温室大棚中。

⑤ 繁殖方法

　　说到多肉的繁殖方式，最吸引人的就是叶插繁殖，简单地讲就是只要一片叶子就能繁殖出成株的过程。多肉植物将养分储存体内，正常环境下就能够自我满足细胞分化成完整个体的能力。叶插繁殖是最能直接说明植物这一特性的过程。但是叶插繁殖也有成功率可言，叶插所取下的叶子必须带有胚原基（俗称生长点），后由胚原基分化叶原基形成叶芽和根原基形成根，这样的叶子才能叶插成功。而多数景天科和百合科十二卷属植物，它们取叶时易带有生长点，成功率较高，番杏科、大戟科、仙人掌科、萝藦科、薯蓣科、菊科、夹竹桃科等多肉则不易叶插。

　　繁殖的目的主要是增加数量和选种优化，所以并不是所有多肉繁殖都适合叶插。下面是举例几种常见多肉科属的最适繁殖方式。

（1）景天科：播种、叶插、枝插

▲叶片基部自然生长出新的小植株和根系

▲小苗茁壮后母叶自动干枯

▲花剑上成熟后自然开裂的种夹及种子

叶插：景天科最常用的繁殖方式。特点是繁殖速度快、产量大、操作简单，只要取完整健康的叶片，平放于潮土面上，不必覆土，等待叶片末端长根长芽即可。有些品种的叶插需要使用中小叶子来繁殖，成株大叶叶插成功率很低，如雪莲、大部分东云等。叶插属于无性繁殖，无法达到选育的目的。

播种：景天种子产量大，繁殖量会大于叶插，但操作稍难于叶插，主要是体现在发芽后扶苗期。由于是有性繁殖，所以常用于杂交和选育、优化品种上。

枝插：主要用于容易分枝群生和难以叶插的品种。易分枝群生的品种有黄金万年草、姬星美人、子持莲华等。难以叶插的品种有熊童子、玉珠东云等。

（2）番杏科：播种、枝插

▲刚发芽的苗极小，只有两片真叶　▲播种一年后的生石花

播种：番杏科种子产量大，播种扶苗也相对容易，配制好土，播种后，可罩上透明盖子，控制好光照和温度，等待长大，一段时间内可不必再用其他措施。另一方面，番杏科多数属种以群生方式生长，少见具有明显主茎的种和品种，所以主要以播种为主。

枝插：枝插生长速度较快，主要适合用于枝干明显、便于剪枝的品种，如枝干番杏、露子花等。

（3）十二卷属：叶插和根插、砍头、播种

▲玉露叶插2周后的新芽　　▲玉露砍头后，主杆上易分化　▲砍头两月后侧芽长大
　　　　　　　　　　　　　出多处侧芽

叶插：叶插方法基本与景天科相似，不同的是十二卷属多肉叶子更容易长不定根，不仅在叶末端，叶背和叶面上的细胞也能分化。

根插：十二卷属多肉的根为肉质根，能储存大量养分，长得粗大的肉质根像小型的白萝卜，将这种"萝卜根"完整截下，垂直插入土中，根的末端也可以长出完整植株，这种繁殖属于无性繁殖，速度慢且繁殖系数低，本身没有太大的意义，一般经验丰富的大神们才会尝试。

砍头：砍头是促进长芽分枝的重要手段。许多十二卷属多肉多为大单头，且枝干短、不明显，砍头后能促使下桩部分多处生长点分化成芽。

播种：十二卷属多肉生长速度较慢，播种周期较长，一般不会为了产量而选择播种，最大的意义在于杂交选育，只有通过有性繁殖，才能筛选，创造出更多的园艺名品。

五、

不同栽培、
应用形式的构建

1. 花器的搭配

《望湖亭记》第十出中讲到："佛靠金装，人靠衣装，打扮也是很要紧的。"佛、人尚如此，多肉植物也不例外，花器就是多肉植物的美丽衣裳。为多肉植物选择一个合适的花器，不但可以为多肉植物创造良好的生活环境，还可以大大提高多肉植物的观赏价值，二者相得益彰。目前，花卉市场上出售的制式花器种类繁多，就材质而言主要有陶瓷花器（素烧盆、紫砂盆、瓷盆、釉陶盆）、水泥花器、塑料花器、木竹花器、玻璃花器、金属花器等几大类。

▲多肉植物在不同花器中种植

不同材质的花器透气透水效果不同，经验丰富的肉友在为多肉植物选择花器的同时，往往也会根据花器的材质对基质配比、浇水量和光照条件进行适当的调整。如用素烧盆、木盒等排水性能好的花器种植多肉时，保水基质的配比要适当高于其它花器，同时浇水的频率也要适当提高；而用玻璃花器和金属花器等吸热快、透气透水性能较差的花器种植多肉时，透水基质的配比应适当增加，同时应注意室外的放置时间和用水量，否则宜造成多肉根系闷死腐烂。因此，对于新手来说，在没有熟悉多肉植物的习性时，建议选用透气透水性能好的素烧盆、紫砂盆等花器，而不要一味地追求花器和多肉搭配的艺术美，否则它们会因为一个不合适的花器而早早离你西归。

▲不同材质的花器

此外，由于多肉植物的弱根系和强大的再生能力等特性，使它在选择花器的时候已不再拘泥于市场上售卖的制式花器，还有许多物品也可以用来作为多肉植物的花器，如树根、枯木、贝壳、海螺、铁艺环等，可以说是"无物不器"，而且这些非主流花器种植的多肉往往给肉友们带来意想不到的表现效果和精神享受。

▲树根和铁艺花器

②. 多肉植物的组合盆栽

　　多肉植物组合盆栽是模仿植物在自然界的群落构成，将不同的多肉植物种植在同一个花器中，是一种源于自然又高于自然的一种栽培形式。随着肉友们种植水平的不断提高，和对多肉植物绚丽多彩的向往，越来越多的肉友加入到了多肉植物DIY组合盆栽的行列中来。甚至有些大神或园艺爱好者们已将多肉植物应用到公园绿化和庭园美化，使萌肉们的绚丽多姿被更充分表达，更具视觉效果。而在对多肉植物的习性有着充分了解的基础上，DIY一盆漂亮的多肉组合盆栽其实不难。下面分享一下笔者几点经验之谈～～

▲美国街道边绿化带多肉植物应用　　▲美国 Kanapaha 植物园多肉植物花境

　　形状搭配：主次分明、群组配置、高低错落。

　　在前面我们介绍多肉品种的时候就知道，多肉植物有高大挺拔的青年俊秀，如玉树、金钱树、串钱者；也有柔若无骨的小家碧玉，如薄雪万年草、姬星美人、紫米粒等；有形单影只闯江湖的生石花、帝玉、凝蹄玉等，也有儿孙绕膝享天伦的子持莲华、山地玫瑰、观音莲等。肉友们可以根据自己的审美偏好，把不同的多肉植物配置于花器的不同位置，但不要过于分散种植。如果你喜欢静谧的森林，不妨选择枝干挺直或株型高大的多肉植物组合，如玉树、雅乐之舞、若绿、串钱等，想来也是一座错落有致的迷你森林；如果你喜欢喧闹的花海，则可以选一些莲花状的多肉植物组合，如紫娟卷、子持年华、山地玫瑰等，纵使无法招蜂引蝶，但也可以姹紫嫣红分外迷人。

▲莲座状

▲匍匐状

▲挺立状

色彩搭配：采取相似色或对比色的色彩搭配方式。

2~3 种色彩组合在一个花器中，不宜过多色彩，否则会显得杂乱无章。有些类型的多肉植物（主要是景天科多肉）在秋冬季昼夜温差大的时候，叶子和茎秆的颜色在阳光的作用下会发生较大的变化，绿色被红、黄、紫、蓝等更鲜显眼的颜色所替代，比如火祭会从翠绿色变为鲜艳的火红色。当然，这些绚烂多彩的多肉只能在特定的一些气候条件下才能短时间的存在，而大部分时间多肉植物还是保持本色的。

▲身被白衣的蓝石莲

▲略施粉黛的酥皮鸭

▲橙黄透亮的黄丽

▲娇艳欲滴的虹之玉

植物选择：考虑习性相近原则。

正所谓"龙生九子，各有不同"，多肉植物的品种不同，生活习性也有所差别，甚至是完全相反。而一些初学者们在多肉拼盆的过程中，也常常因多肉植物的不同习性而有所顾虑：哪些多肉适合种植在一起，种完以后如何浇水，如何提供日照，有些长太快而有些又长太慢怎么办？

因此，对于初级肉友而言，在进行多肉组合盆栽之前，一定要先充分了解自己选择的多肉植物的所属种类及其生活习性，从而选择生活习性相近的多肉植物进行组合，这样不仅组合的盆栽观赏价值高，而且养护管理容易。一般来说，同科属的植物种类的生活习性比较相近，如：景天科的多肉们喜欢充足的光照、良好的通风环境、良好的土壤排水条件、适宜的生长温度，温度过高或过低时需要休眠，如山地玫瑰、球松等；番杏科的多肉们则喜欢相对干旱的环境，生长也比较缓慢，如生石花、帝玉等；马齿苋科的多肉植物则相当耐阴，抗旱能力强，适应能力强，可以在任何土壤中生长，如雅乐之舞、金钱树等；百合科的多肉植物则不喜欢高温潮湿和烈日暴晒，怕荫蔽，也怕土壤积水，如玉露、寿等。

▲嗜睡的山地玫瑰

▲生长缓慢的帝玉

▲不"挑食"的金钱木

▲娇生惯养的玉露寿锦

3. 饰品

　　有些人喝咖啡喜欢原味的，不加其它东西；而有些人则喜欢味道多点，会往里面加点糖或者咖啡伴侣。饰件对于肉友们来说就像是咖啡伴侣，不加也不影响，而加了就多一点味道。因此在多肉盆栽中加入一些人物、动物小摆件，或是铁艺的小花小鸟、或是雨花石等颜色漂亮的小石块，不但不会破坏肉肉的呆萌形象，反而妙趣横生，总有意想不到的惊喜哦。

▲馋嘴的小·毛驴

▲熊童子与"接吻鸟"

▲林间小·屋

4. 30 组创意多肉组合盆栽

（1）玻璃花器

出水芙蓉

莲因"出淤泥而不染，濯清涟而不妖"备受人们喜爱

可惜好花不常开，好景不常在

那就让多肉植物来代替它

绽放一朵永不凋谢的盛世芙蓉

——题记

水培植物由于养护简单、清洁卫生、观赏性强备受人们喜爱，但多数人可能会因多肉植物自身含水量多，而对水培多肉植物有所顾虑。在这里我要告诉大家的事：只要掌握正确的方法，水培多肉植物并不是一件困难的事情～～

操作步骤：

1）准备好多肉植物和盆器；

2）将多肉植物去土，并将枯根和败叶去除，放入玻璃容器中；

3）向玻璃容器中注入营养液直至多肉植物根的中部即完成。

植物素材：观音莲

盆器用具：玻璃花器，营养液，多菌灵

注意事项：

1）定期更换营养液，保证水质清洁和提供植物所需养分。

2）保持合适的水位。水培多肉植物水位很重要：水位过低，多肉植物吸取不到养分状态不佳；水位过高，多肉植物茎部接触水分易腐烂；最佳水位应该是茎部以下1/3~1/2处。

3）良好的通风和光照条件也是水培多肉植物的关键。

4）移植时应除去枯根、败叶。

摆放位置：室内各个地方。

（2）海螺贝壳

海的声音

"哗啦……哗啦……"

是大海的声音

似在欢迎贵宾的到来

"哗啦……哗啦……"

是自由奔放的旋律

为精灵的舞步伴奏

——题记

它们一个是来自海洋的歌者，一个是来自大漠的精灵，二者似乎天生不相容，但优美的旋律和热烈的舞步让它们相遇了，让它们彼此都得到了升华。用海螺来种植多肉植物，充满着海洋的气息，有一种赶海归来、满是收获的喜悦～～

操作步骤：

1）将海螺清洗干净备用；

2）填充配好的基质，泥炭和沙粒各半；·

3）将选择好的多肉植物一一植入，并用驯鹿水苔填充提色；

4）将种好的海螺与其它螺壳放入筐中即完。

植物素材：长生草属多肉：观音莲、蜘蛛卷娟、紫牡丹、弗罗多

盆器用具：海螺壳

注意事项：

1）新鲜的海螺壳一定要洗干净，特别是里面的残余螺肉，长时间会腐坏发臭；

2）定期更换培养土或施肥，保证多肉植物有充足的养分；

3）因容器限制，管理养护过程中要勤浇水；

4）保留一些空的海螺壳，可以使整个作品更加生动。

摆放位置：露台、阳台、室内各个地方。

陌上花开

陌上花开，

可缓缓归矣。

——吴越王　钱镠

盆器一角的斑叶垂椒草，就像等待爱人归来的吴越王，也像极了村口迎接游子回乡的古树；长满孢子体的苔藓，则是那田间阡陌上盛开的野花和等待收割的金黄稻穗～～

操作步骤：

1）将海蛎壳清洗消毒装上基质备用；

2）在右侧土层厚的地方种上主景植物；

3）在空白的地方铺面苔藓、浇水即完。

植物素材：斑叶垂椒草

盆器用具：海蛎壳，苔藓

注意事项：

1）盆器较小，不宜种植体型过大、生长速度快的多肉植物；

2）定期更换培养土或施肥，保证多肉植物有充足的养分；

3）苔藓铺面可以使作品更加自然生动。

摆放位置：阳台、室内各个地方。

（3）木制花器

相见恨晚

君生我未生，

我生君已老。

君恨我生迟，

我恨君生早。

——无名氏

在我看来，多肉与枯木的结合，应该是一场相见恨晚的爱情。它们一个风烛残年，隐匿于深山老林，背负青苔，与鸟虫为伴，直至消没；而一个风华正茂，活跃于喧嚣闹市，备受恩宠，与百花争艳，极尽繁华。而就是这样两条平行线，因为一个偶然的机会相遇了，从此一发不可收拾。当枯木遇上多肉，它们不再沉默寡言，而是极尽升华，枯木逢春；当多肉遇上枯木，它们不再争妍夺艳，而是洗尽铅华，清丽脱俗～～

操作步骤：

1）准备好多肉植物和其他素材；

2）将水苔泡在水中备用；

3）将泡过水的水苔挤去水分填入枯木桩的沟槽；

4）将选好的多肉逐一植入；

5）完成后的作品。

植物素材：丹尼尔、红宝石、铭月、静夜、紫牡丹、巧克力方砖、月影、紫乐

盆器用具：枯木，水苔

注意事项：

1）捡回来的枯木要洗净，用高锰酸钾溶液浸泡起灭菌除虫、防腐的作用。

2）有些木头没有孔可以放苔藓和多肉植物要用工具自己凿孔。

摆放位置：阳台、露台、花园、客厅等。

满载而归
屋角的独轮车

曾见证了父辈的汗水和收获

也曾见证了你我的童年趣事

如今它化身多肉温床

满载而归

——题记

旧时的木制独轮车是重要的农用工具，农民耕作和收获都离不开它，同时也是小孩子们的重要玩具和坐骑，随着社会的发展和科技的进步，这个古老的工具也渐渐地淡出人们的视野。用木头角料制作复古物件花器，种植自己喜爱的多肉植物，是对往昔的怀念和不舍，也是对现在及未来的祝福和憧憬~~

1）将捡来的松材角料、枯藤用工具组装成独轮车；

2）装入配好的基质至九分满，将选好的多肉植物从右到左一一植入；

3）在靠近把手的地方种一株姬凤梨提色；

4）最后在空白的地方用珍珠吊兰和马齿苋填充；

5）放一个小人偶，使作品更加生动。

植物素材：黄丽、胧月、千佛手、白牡丹、银手指、特玉莲、姬胧月、虹之玉、姬凤梨、珍珠吊兰、金枝玉叶

盆器用具：松材角料，枯藤，小人偶

注意事项：

1）松材容易腐烂和发霉，应放在光照充足、通风良好的场所；

2）浇水遵照"不干不浇，浇则浇透"原则；

3）放入小人偶等饰件，可使作品更加生动。

摆放位置：南向阳台、露台、窗台。

乘风破浪

知道你在等我

我路过千山万水

漂洋过海来见你

——题记

在没有飞机之前，人们通过海上丝绸之路与其它国家交流贸易，哥伦布通过航海发现新大陆，达尔文也是通过乘坐船只环球旅行，对动植物等进行观察和采集，最终完成《物种起源》。而在我想来，如果他们见到这么些可爱迷人的萌多肉们，也会如我一般见猎心喜，然后想方设法收集几株带它们漂洋过海，不但让枯燥乏味的航程平添几分乐趣，还是送给故乡亲人的绝佳礼物～～

植物素材：黄丽、姬秋丽、火祭、雅乐之舞、白美人、白牡丹、大合锦、姬胧月、蒂亚、锦晃星、塔诺克、紫珍珠、吉娃娃、初恋、小人祭、条纹十二卷、蓝石莲、珍珠吊兰、薄雪万年草

盆器用具：木船模型，基质

1）木质容器易腐蚀，可用清漆和桐油将木船的里里外外刷一遍，可使木船更经久耐用；

2）装入配好的基质至九分满；

3）将选好的大个多肉植物按布局一一种植；

4）最后在空白的地方用珍珠吊兰和薄雪万年草填充即可。

注意事项：

1）上漆后，木船的味道很大，在通风良好的室外放置一个月以上可有效去味；

2）花器没有排水孔，浇水要把握好度，定时定量浇水即可。

摆放位置：南向客厅、书房、卧室。

（4）陶瓷花器

以茶会友

闲暇之余

约几个挚友

沏一壶佳茗

便可偷得浮生半日闲

———题记

当喜欢喝茶的人，遇到另一个同样爱茶的人，会坐下来，沏一壶好茶，互相探讨对茶的感悟，而当一个喜欢茶又同样热爱多肉的人，遇到多肉知音的时候会怎样呢，我想你是否也会像我一样，沏一壶多肉，邀友共赏呢？～～

植物素材：酥皮鸭、黄金万年草、秋丽、吕千慧、小野玫瑰、珍珠吊兰

盆器用具：紫砂茶具，基质，兰石

操作步骤：

1）准备好茶具和多肉植物；

2）在茶壶和茶杯的底层放入一层兰石作隔水层；

3）接着装入配好的基质至九分满；

4）将选好的多肉逐一种入茶壶和茶杯；

5）基本完成作品；

6）将它们摆放在茶盘上，并用珍珠吊兰稍微装饰下即可。

注意事项：

1）茶具本身颜色偏暗，可选一些颜色明亮艳丽的多肉植物来搭配；

2）茶具无孔，应作隔水处理，防止多肉植物长期泡水腐烂；

3）茶具的开口较小，单个容器不宜种植太多的品种，避免花器过于拥挤，影响观赏效果。

摆放位置：南向露台、客厅、书房。

垂涎欲滴

对于一个吃货来说

味感美妙的食物有致命的吸引力

那么用多肉替换食材

做几道新鲜美味的小菜

是否会让喜爱多肉的你

垂涎欲滴呢

将可爱迷人的多肉植物用水苔包扎固定，再用精美的餐具作为花器进行拼盘，一道道色泽艳丽的多肉佳肴上桌了，多肉饕餮们是不是已经垂涎三尺了？～～

植物素材：酥皮鸭、黄金万年草、艳日辉、丽娜莲、小野玫瑰、珍珠吊兰、长寿花

盆器用具：餐具，水苔，缝衣线

操作步骤：

1）选择一套餐具；

2）将多肉植物脱盆，保留部分土球，包裹上水苔用缝衣线缠绕固定；

3）将缠绕好的多肉放入餐盘中；

4）在空白的地方用黄金万年草和长寿花进行装饰提色；

5）按上述方法完成依次完成另外两个拼盆；

6）将它们摆放到餐桌上即完。

注意事项：

1）水苔和残余土球保水力不是很强，宜用喷雾的方式定时定量补水；

2）水苔和残余土团本身的营养物质不多，故此法以短时间的展示为宜，一段时间后及时移盆，如喜欢可以换一波多肉植物拼盘展示。

摆放位置：餐厅、客厅、露台。

空中花园

古巴比伦的空中花园已成绝响
却让无数人为之魂牵梦绕、念念不忘
而今天屋顶花园在城市中屡见不鲜
但还是忘却不了曾经的"悬苑"

——题记

这一个不常见的带阶梯水泥花器，让小编不禁想起了古代世界七大奇迹之一的古巴比伦空中花园，如今它虽已消失在历史的尘埃中，却依然令人心驰神往。于是小编觉得可以用这个特殊的花器，配上喜爱的多肉植物，造一座属于自己的空中花园～～

植物素材：黄丽、白牡丹、膨珊瑚、姬胧月、蓝石莲、金枝玉叶、珍珠吊兰

盆器用具：花器，基质，人偶，龙猫

操作步骤：

1）装入配好的基质至九分满；

2）在左上角植入主景多肉——绿珊瑚；

3）接着种植大小不一的四株莲座状多肉；

4）左下角和右下角分别用珍珠吊兰和金枝玉叶点缀；

5）放上人偶和龙猫使整个盆栽更有生气。

注意事项：莲座状多肉弱光易徒长，应放于光照充足的地方。

摆放位置：南向阳台、窗台、露台、客厅。

迷雾森林

这里有潺潺的流水

有风的呼吸

有夜莺的歌声

有神奇的龙猫与小精灵们

更有我们向往的自然

——题记

将高矮胖瘦不一的多种多肉植物种植在一个广口素烧盆中，构成一座高低错落、层次多样的迷你森林。再放上胖胖的龙猫巴士和人偶，更是为这座迷你森林添加了几许的神秘感～～

植物素材：黄丽、黑王子、千佛手、玉蝶、蓝石莲、银手指、大合锦、银星、虹之玉、金枝玉叶、爱之蔓、姬秋丽、鲁氏石莲

盆器用具：花器，基质，人偶等小物件

操作步骤：

1）装入配好的基质至九分满；

2）在盆器的后排种上较高的多肉植物；

3）接着由后往前，自左向右按高低次序交错种植多肉，将花器填满；

4）最后放上人偶、龙猫饰件即可。

注意事项：

1）尽量多的选择生活习性相近、形状不同、颜色丰富的多肉品种；

2）确定一个观赏面，在狭窄的盆器中由后至前作3~4排，且相近植物尽量做到高低有别、错落有致，丰富作品的层次，使整个作品的立体感和进深感更加强烈。

摆放位置：阳台、窗台、露台、客厅、书房均可。

迎接新生

"嗒，嗒嗒……"

一声声微弱却坚定的声音传来

这是雏鸟在奋力冲破枷锁

是它搏击长空的开始

——题记

用卵形花器种植多肉植物，模拟雏鸟破壳而出的瞬间。雏鸟只有自己一点一点地突破硬壳，才能够茁壮成长，从而搏击长空。而我们的每一次成长都是一次破壳的过程，只有不断地突破那个过去的自己，经历挫折和磨难，才能在人生的道路上走得更坚定，更长远～～

植物素材：酥皮鸭、黄丽、虹之玉、黄金万年草、江户紫、观音莲

盆器用具：吊盆、卵形素烧盆、水苔

操作步骤：

1）准备好盆器和多肉植物等素材；

2）在卵形花器中填入水苔；

3）将多肉植物植入卵形花器中；

4）参照2）、3）步骤将其它多肉植物植入卵形花器中；

5）往鸟巢花器中填入水苔；

6）将配置好的卵形花器摆放在鸟巢中。

注意事项：

1）花器较小巧，宜选用生长速度慢、株型娇小饱满的多肉植物；

2）待水苔干了，用尖嘴瓶往花器内注水即可；

3）鸟巢内的水苔尽量保持湿润状态。

摆放位置：阳台、露台、花园等室外环境。

（5）弃物巧用

夏天来了

炎炎夏日将至

为萌多肉们换上清凉的牛仔短裤

迈着轻快的步伐

迎接酷暑的考验

——题记

秉承着旧物利用的原则，将破损的、不能再穿的旧牛仔裤当作花器，种上美美的多肉，拿来装饰阳台的一角，既时尚又美观，何乐而不为？～～

植物素材：玉树、黄丽、酥皮鸭、黄金万年草、紫弦月、江户紫、鲁氏石莲、冬美人姬秋丽、小野玫瑰、月兔耳、虹之玉、艳日辉

盆器用具：破陶盆，基质，人偶，龙猫，小房子

操作步骤：

1）用剪刀在废弃牛仔裤口袋上剪一些口子，用于固定多肉；

2）接着用水苔将口袋填满；

3）将最上排的多肉种入并用铁丝或回形针固定；

4）再将其它多肉植物一一填进事先剪好的口子里并固定；

5）最后完成作品。

注意事项：

1）水苔略干就浇水，需每天给水；

2）建议悬挂在日照充足、通风良好的环境中。

摆放位置：阳台、露台、篱笆等。

月光宝盒

"月光宝盒是宝物，

你把它扔掉会污染环境，

要是砸到小朋友怎么办，

就算砸不到小朋友，

砸到花花草草也是不对的。"

——《大话西游》

在生活中我们会买到或收到许多礼盒，它们有的貌不惊人，有的制作精美，还有的高端大气上档次。而很多时候这些礼品盒是我们的累赘，放起来占用空间，扔掉又浪费资源。既然如此，何不把它们利用起来种植多肉植物，既是雅致的室内装饰，也是精美的赠友佳品～～

植物素材：秋丽、酥皮鸭、艳日晖、黄金万年草、虹之玉、雅乐之舞、江户紫

盆器用具：礼品盒，水苔

操作步骤：

1）准备好礼品盒和多肉植物；

2）在礼品盒的空间里填入水苔；

3）在礼盒的最后一排种入株型较高、长的多肉；

4）将其它多肉由里至外逐一种入；

5）完成作品。

注意事项：

1）纸质的礼品盒要做好防水处理，防止纸盒发霉；

2）要保证多肉可以享用足够的光照时间；

3）水苔略干就浇水，需每天给水。

摆放位置：客厅、书房、卧室。

多肉甜点

阳光明媚的午后

一份多肉甜点

一杯温热的咖啡

一个人

一本书

岁月静好

——题记

从各式的蛋糕甜点获得灵感，多肉植物替代各式甜点，用那一份清新来填饱滋润心间。利用一次性的糕点托盘作为花器，用鲜艳丰满的多肉植物作素材，用水苔来固定，一份色泽诱人的西式甜点新鲜出炉了~~

植物素材：初恋、黑王子、子持白莲、虹之玉、黄丽、青星美人、乙女心、球松

盆器用具：麻布，水苔，托盘

操作步骤：

1）准备好工具和多肉植物；

2）在托盘上铺一块麻布，并用泡过水的水苔填满；

3）将多肉由里至外逐一种入；

4）在完成的作品上喷一层薄薄的彩虹喷雾即完。

注意事项：

1）喷一层彩虹喷雾，可以使多肉作品更梦幻，但不宜喷太厚，否则易喧宾夺主；

2）莲座状多肉植物缺光照易徒长，要保证多肉可以享用足够的光照时间；

3）水苔略干就浇水，2~3天给一次水。

摆放位置：餐厅、客厅、书房、卧室、窗台。

你的背包

你留给我的背包
日夜与我相伴
装满了纪念品和患难
还有对未来的渴望

——题记

用寻常的棉麻布缝制成怀旧的单肩包，种上心爱的多肉植物。怀旧的单肩包就像离我们怀念的过去和遗憾，而富有生命力的多肉植物则寓意着未来和一切可能~~

植物素材：千代田之松

盆器用具：棉麻布，水苔，托盘

操作步骤：

1）准备好工具和素材；

2）用彩笔在棉麻布上画出背包的主体部分，并用剪刀裁剪下来；

3）缝制背包的包体和背带；

4）将泡过水的水苔填满背包的口袋；

5）将多肉植物种入即完。

注意事项：

1）若觉得单一品种会显单调，可以增加一些小型和垂盆的多肉（如虹之玉、姬星美人、紫弦月等），使作品更丰满、富有层次感。

2）棉麻布内的水苔容易被风干，生长期要定时定量给水。

摆放位置： 书房、卧室、窗台、阳台。

自然献礼

礼物是人们情感的载体
用来表达祝福和心意
在特别的日子里
制作一份多肉礼袋
将无价的自然献给至亲好友
愿他们永远幸福快乐

——题记

告别礼物的传统包装模式，用多肉植物来装饰礼品袋，用自然的馈赠来表达对亲友最诚挚的希冀与祝愿。这份亲手为亲友制作的多肉礼物，不仅包含了制作者真切、浓郁和朴实的情感价值，还表达了人们对大自然的向往和热爱。这个作品不但是人们相互之间情感交流的载体，还是一个别致的室内摆饰哦。

植物素材：观音莲、虹之玉、月兔耳、小野玫瑰、艳日晖、珍珠吊兰、秋丽
盆器用具：硬纸礼袋、水苔、铁丝

注意事项：

1）若觉纸盒浇水易毁坏，可在盒内先垫一层塑料纸，并定时定量给水；

2）尽量选择不易徒长的多肉品种。

摆放位置：书桌、橱柜、电视柜等

操作步骤：

1）准备好工具和素材；

2）将硬纸礼袋的塑料窗口去掉；

3）将水苔塞入礼袋中，直至填满；

4）将多肉植物——植入窗口中，并用 U 形铁丝固定；

5）最后用蔓延的珍珠吊兰呼应绸带；

6）完成的作品。

生命之环

在很多国家花环都是美好祝愿的象征

而象征着和平的橄榄枝花环更是被人们传戴千年

用萌萌的多肉们组一个花环

象征着未来的无限可能和希望

带给你最衷心的祝福

————题记

见到别人家里的 DIY 花环，你是否也跃跃欲试呢？可商店里铁艺花环的价格和所需多肉品种却使你迟疑了。其实，想拥有一个 DIY 花环并没有那么复杂：只要你繁殖了足够多的多肉小苗，再寻几根枯藤或铁丝，你也一样可以拥有一个既经济又靓丽的多肉花环了～～

植物素材：多肉叶插苗：黄丽、白牡丹、千佛手、紫珍珠、初恋、东美人、薄雪万年草

盆器用具：枯藤、细绳、水苔

注意事项：

1）花环需要有充足的光照时间，才能保证多肉植物不徒长，保持匀称；

2）水苔干了，将花环浸入水中 1~2min 拿出即完成浇水工作；

3）在藤环的外围包裹一层尼龙网或铁丝网，填入足够的水苔，可以使多肉花环更长久的保存。

摆放位置：阳台、露台、花园等室外环境。

操作步骤：

1）准备好枯藤（或铁丝）和多肉植物等素材；

2）将枯藤（或铁丝）缠绕成两个环；

3）用绳子将两个环绑在一起，并在两个环之间的缝隙填入泡过水的水苔；

4）将多肉植物沿着环的缝隙一一植入。

信手拈花

没有娇艳欲滴的玫瑰

也无清新脱俗的白百合

拾几株呆萌多肉

信手包扎成束

简单却也不输风采

——题记

　　用呆萌可爱的多肉植物作主花材，点缀几朵人造纸花，再用泛黄的旧报纸包扎，一束清新却也透露着岁月的多肉花束制作完成了。一束简单的多肉花束，不论是置于案头上，还是赠送给至亲至爱的人，都是一个不错的选择～～

植物素材：酥皮鸭、江户紫、黄丽、秋丽

盆器用具：报纸、铁丝、小纸花

操作步骤：

1）准备好多肉植物等素材；

2）将多肉植物去土，用细铁丝环绕，方便固定多肉植物；

3）将剩余的多肉植物一一绑扎；

4）将绑扎好的多肉植物摆好造型；

5）用旧报纸包扎花束；

6）完成后的作品。

注意事项：

1）包装纸用泛黄的旧报纸或牛皮纸，获得的效果更佳；

2）由于缺少基质和水分，花束只能短时间保存；

3）选择莲花状的多肉植物较好。

摆放位置：书桌、茶几、餐桌、橱柜等。

精灵城堡

在古老而又破败的城堡中
住着天才教授和怪物汉斯
还有幽灵、狼人和吸血鬼
还有古灵精怪的精灵们

——题记

缺口的陶盆常会被人们遗弃，但我觉得人们抛弃的不是一个花盆，而是一座城堡。用一点小技巧，就可以将一个破旧的花盆变成一座神秘的多肉古堡，小伙伴们行动起来吧，别再扔破花盆了～～

植物素材：胧月、黄丽、新玉缀、姬胧月、紫乐、虹之玉、黄金万年草、凝脂莲、琉璃殿、东美人

盆器用具：破陶盆，基质，人偶，龙猫，小房子

操作步骤：

1）装入配好的基质至缺口下一厘米处；

2）接着将碎陶片从缺口处以旋转楼梯的方式排列并填土；

3）将多肉植物从后到前的顺序种植；

4）放入小房子和动物饰件即成。

注意事项：

1）再次分离陶片要小心，别敲太碎了；

2）陶盆水分流失较快，宜种植耐旱多肉，或是适当增加浇水次数。

摆放位置：阳台、露台、花园角落等。

（6）岁月沉淀（老桩）

回眸一笑

他人纵有风情万种，

却怎敌你，

回眸一笑

百媚顿生。

————题记

对于普通肉友来说，种植一盆多肉并没那么难，但要把它养护成一株老桩并非易事，稍有不慎它们就会香消玉殒。多肉的老桩不但形成不易，而且往往还有一些独特的韵味。初见灿烂，只是惊奇，细看则啧啧称奇：这株灿烂宛若一名妙龄女子，听到后方情人的深切呼唤，缓缓回头，报以倾城一笑。因为感受到此番意境，就迫不及待地想分享给大家～～

植物素材：灿烂（缀化）

素材：花器，基质，人偶，龙猫

操作步骤：

1）找寻长条深槽紫砂花器一件，装入配好的基质至八分满；

2）接着居中种植我们的主角——灿烂（缀化）；

3）在左上角放置一块自然石砾，表面满铺雨花石即可。

注意事项：

1）每株老桩都可遇而不可求，在配置的时候要着重考虑意境的营造；

2）老桩的养护要更加精细。

摆放位置：客厅、书房、办公室等。

（7）铁艺花器

月儿弯弯

月亮船呀月亮船

载着童年的神秘

飘进了我的梦乡

悄悄带走无忧夜

不知不觉靠近了青春岸

——《月亮船》

　　铁艺挂篮就像寂静的夜间悬挂在天边的一艘月亮船，总是翘着嘴角甜甜地笑。盛装着萌萌的多肉，仿若你指尖的柔情，动人心弦；而我们的青春年少也登上你的船舱，驶向神秘的远方，留下满天欢声笑语～～

植物素材：玉蝶、蓝石莲、紫珍珠、黑王子、观音莲、鲁氏石莲

其他素材：铁丝、棕衣

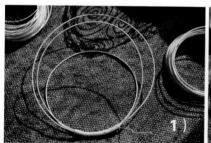

操作步骤：

1）在剪取 3 段长度不同的铁丝，分别做成圆环；

2）将 3 个圆环捆扎在一起，并用铁丝做花边装饰；

3）用铁丝作吊篮底座纹样，并连接圆环；

4）进行细部调整，自制铁艺吊篮完成。

注意事项：

1）吊篮透水性强，可以 3~4 天浇一次水；

2）铁丝容易划伤手，制作时记得做好防护措施；

3）宜放在通风良好的地方，且吊篮下方不宜放其它东西。

摆放位置：阳台、露台、室外花园

（7）饰品篇

石头开花

岩石缝隙、石砾之间是生石花的故乡

石头的纹理是它喜欢的衣裳

"有生命的石头"是它的荣誉

——题记

用坚硬的石头装饰生石花，不仅符合生石花的生活环境，还有"不辨雌雄"之特效。一旦开花更是一种惊喜。选择素烧陶盆，使得它们更扑朔迷离，同时素烧盆良好的透气透水性能，使得盆内的土壤环境更适合生石花的生长～～

植物素材：生石花

盆器用具：素烧盆，基质，石砾若干

操作步骤：

1）将选好的生石花脱盆备用；

2）挑选一些形态、颜色与生石花相似的石子作装饰品；

3）在选好的素烧盆内装好基质，并将生石花布局好植入；

4）用石子装饰盆面即完成。

注意事项：

1）生石花喜温暖干燥、阳光充足的环境。透气透水性能好的花盆和疏松透气的中性沙壤土有助于生石花的生长。

2）尽量挑选形态、颜色与生石花相似的石子作装饰品。

摆放位置：向南阳台、窗台、卧室书桌

绿草如茵

天苍苍，野茫茫。风吹草低见牛羊。

一直向往着辽阔的草原

向往着策马奔腾，去追赶长河落日的脚步

向往着清风拂面，牛羊也如约而至

而牧羊犬亦步亦趋……

——题记

用叶片较小、茎秆匍匐的小景天科植物铺满广口花器，犹如芳草碧连天的塞外草原；再点缀几株莲花状多肉植物，宛若牧民的毡房。配以牛羊等草原习见动物陶器，瞬间仿佛置身广袤的大草原上，牧草的清香味也随风而至（杂草请视而不见，那是主人身患懒癌的病例单）~~

植物素材：秋丽、紫米粒、小球玫瑰、鸭跖草、玉树、玉蝶、薄雪万年草、吉娃莲

盆器用具：素烧盆或塑料花槽，基质，牛、羊、犬等陶瓷饰件若干

操作步骤：

1）剪取匍匐多肉枝条若干、吉娃莲植株若干备用；

2）在选好的花器中放入基质，将吉娃莲的位置定好并植入；

3）在空白的位置填铺匍匐多肉；

4）放入牛、羊、犬等陶瓷饰件即完成。

注意事项：尽量选择养护管理要求低、不易徒长的多肉植物。

摆放位置：向南阳台、露台等室外空间。

讲经说法

相传佛祖释迦牟尼悟道成佛后

言出法随，步步生莲

他向信徒传教说法

也盘坐于莲花座上

且让我们也聆听下这佛法，洗涤心灵。

——题记

《诸经要解》说：故十方诸佛，同生于淤泥之浊，三身证觉，俱坐于莲台之上。

利用佛像作为主角，配以大大小小的观音莲，景到意到。而看到此景，我眼前自然而然地浮现出佛祖讲经说法的场景：释迦牟尼盘坐莲台向弟子信徒们讲述宇宙人生，而弟子信徒们也盘坐莲台聆听、思考，不时还有人提出问题请求佛祖解惑，而佛祖也以大智慧——作答。耳边也传来渺渺梵音，直达心间～～

植物素材：观音莲

盆器用具：素烧盆，基质，雨花石、佛像

操作步骤：

1）将选好的观音莲脱盆备用；

2）在选好的花器中放入基质，并将佛像的位置选好固定；

3）在盆中将观音莲布局好并植入；

4）用洗净的雨花石装饰裸露盆面即完成。

注意事项：

1）基质要求疏松肥沃、具有良好的排水透气性；

2）夏冬休眠，生长期要有充足的阳光，否则会导致株形松散，不紧凑，影响观赏效果；

3）浇水遵照"不干不浇，浇则浇透"原则。

摆放位置：向南阳台、窗台、客厅、卧室书桌。

和歌而眠

"睡吧 睡吧 可爱的小王子

世上一切 幸福愿望

一切温暖 全都属于你"

是你们

一群可爱的小精灵轻哼小曲

用美妙的歌声伴他入眠

——题记

用一个可爱的睡宝宝作为主景，用两丛五十铃玉作装饰。你们仿若传说中的精灵，或歌或舞，旋律轻柔甜美，舞姿轻灵飘逸，用一切你们能想到的美好，安抚活泼可爱的小宝宝，让他和歌微笑入眠，真是温馨感人～～

植物素材：五十铃玉

盆器用具：素烧盆，基质，沙石、睡宝宝

操作步骤：

1）将选好的五十铃玉脱盆备用；

2）在选好的花器中放入基质，并将睡宝宝的位置选好固定；

3）在盆中将五十铃玉布局好并植入；

4）用洗净的沙石装饰裸露盆面即完成。

注意事项：

1）五十铃玉性喜阳光充足，耐干旱。春秋生长季可适当浇水；

2）夏季控制浇水，冬季10℃以下要停止浇水。

摆放位置：向南阳台、窗台、客厅、卧室书桌。

凤凰涅槃

相传每五百年

凤凰就要投身火海

用自己的生命来净化人世间的所有恩怨情仇

来换取人世间的祥和与幸福

而它们也因此涅槃重生

——题记

经年的水洗枯木犹如沙漠中涅槃的凤凰，放下过去种种获得新生。沙地里蔓延开的嫩绿是希望，是未来，预示着明日满目的绿洲！～～

植物素材：观音莲、紫牡丹、蜘蛛卷娟、薄雪万年草

盆器用具：石砾，枯木

操作步骤：

1）在花器中装入基质至九分满，布局好枯木和石块的位置并固定；

2）将多肉植物按大小从左到右一一植入；

3）在盆面铺一层砂砾即成。

注意事项：

1）观音莲等莲座型多肉光照不足易徒长，应放于阳光充足的场所；

2）多肉种植密度不宜过大，充分体现沙漠的宽广无垠。

摆放位置：南向阳台、露台。

参 考 文 献

[1] 阿呆. 多肉掌上花园. 北京：水利水电出版社，2014.

[2] 二木. 和二木一起玩多肉. 北京：水利水电出版社，2014.

[3] 花草游戏编辑部. 种多肉、玩多肉一次搞定. 郑州：河南科学技术出版社，2012.

[4] 松山美纱著，吴乐寅译. 北京：中信出版社，2013.

[5] 王意成. 多肉肉多. 南京：江苏科学技术出版社，2014.

[6] 吴沙沙，小岛向北，陈凌艳，陈潇，陈进燎. 萌多肉小典. 福州：福建科技出版社，2015.

[7] 小扣，桃涩. 多肉萌物志. 武汉：湖北科学技术出版社，2013.

[8] 朱亮锋. 多肉植物. 广州：南方日报出版社，2011.

[9] Debra Lee Baldwin. Designing with Succulents. Portland: Timber Press, 2007.

[10] Devra Lee Baldwin. Succulent Container Gardens: Design Eye-Catching Displays with 350 Easy-Care Plants Succulent. Portland: Timber Press, 2010.

[11] Devra Lee Baldwin. Succulents Simplified: Growing, Designing, and Crafting with 100 Easy-Care Varieties. Portland: Timber Press, 2013.